. Maedel

Liebe alte Bimmelbahn

Eine Erinnerung
an unsere
deutschen Klein-
und Nebenbahnen

Franckh'sche
Verlagshandlung
Stuttgart

Alles Hasten ist vom Teufel, die Geruhsamkeit ist von Gott.

Arabisches Sprichwort

Nein, nicht von großen, die Zentren der Welt verbindenden Zügen mit klangvollem Namen und verwöhntem Reisepublikum, nicht von dahinrasenden, durch Tausende von Pferdestärken vorangetriebenen Schienengiganten, nicht von eleganten Schnelltriebwagen und dem prunkenden Komfort von Speisesalon, Aussichtswagen oder Schlafkabinett soll hier die Rede sein — nein, diese Seiten sollen allein ihr gewidmet werden, der bescheidensten unter allen Kategorien von Schienenfahrzeugen — der Kleinbahn. Ist sie nicht seit eh und je eine liebenswerte Erscheinung unseres Eisenbahnwesens? Sie, die ein wenig zurückgebliebene, vernachlässigte, etwas einfältige und deshalb doppelt geliebte Tochter der großen Mutter Eisenbahn?

Freilich, ihre Bescheidenheit, ihre Unscheinbarkeit, hat seit alters kaum mehr als zu Spott, zu behaglichem Schmunzeln, zu verständnisvollem Lächeln und liebenswürdigem Verstehen herausgefordert und dem Karikaturisten Stoff in Hülle und Fülle für boshafte Glossen geliefert. Aber eben darum haben wir sie geliebt, wegen dieser einmaligen Mischung von Sachlichkeit und Groteske, von Technik und Romantik, von Fortschritt und Altertümelei, eben wegen dieses alten Lokomotivchens, wegen der kleinen hölzernen Wagen, wegen des Gebots, das Blumenpflücken während der Fahrt zu unterlassen. Es war die Gemütlichkeit, die Beschaulichkeit, die Ruhe in der Bewegung, die über der Kleinbahn und ihrem ganzen Betrieb lag und die uns alle die Wahrheit des an den Eingang unseres Buches gestellten Zitates spüren ließ.

Ja, sie war von Gott, die Geruhsamkeit der Kleinbahn. Man muß mit ihr aufgewachsen, man muß neben ihren Schienensträngen groß geworden sein, um die ganze Tragweite dieses Vergleichs ermessen zu können. Unter diesem Gesichtspunkt ist es freilich kein Wunder, daß sie nicht mehr in die heutige Zeit, in der auch der alte Gott von seinem angestammten Platz vertrieben wird, hineinpaßt, ja offensichtlich als Fremdkörper im Leben steht. Sie ist nicht in der Lage, schon aus der ganzen Art ihres Baus und ihrer Betriebsweise heraus, mit der Hast, der Eile, der Unrast und Unstetigkeit unserer Tage Schritt zu halten. Gegen die Konkurrenz des Kraftwagens muß sie kläglich unterliegen. Der Fortschritt der Zeit hat sie zum Tode verurteilt und es gibt keine Instanz, die in der Lage wäre, sie von der Vollstreckung dieses Richterspruches zu begnadigen. Sie werden verschwinden, die letzten Kleinbahnen, die noch in Betrieb stehen. Die Mehrzahl hat bereits die Pforten ihrer Bahnhöfe geschlossen, die Tore des Maschinenschuppens dicht gemacht und die Gleise abgebaut. Gras, Unkraut, Gestrüpp wuchern dort, wo früher der „Feurige Elias", die „Bimmelguste", der „Ententöter", das „Reichelsheimer Lieschen", der „Heidekrautexpreß" oder wie immer ihre liebevolle Bezeichnung lautete, lustig angebimmelt und gepfiffen kamen. Es mag sentimental klingen, wenn man am Ende dieses fest umrissenen Kapitels der Verkehrsgeschichte etwas wehmütig wieder einmal der guten alten Zeit nachtrauert, von der manche behaupten, es habe sie nie gegeben, sie sei nur eine Fiktion.

Nun, mag man die Dinge betrachten, wie man will, niemand wird abstreiten können, daß ein Hauch von Gesundheit, von ländlicher Deftigkeit, von Gemütlichkeit und Poesie die Kleinbahn umgab. Wer von den Landleuten verreisen wollte, vor dreißig, fünfzig, sechzig Jahren — und wer hatte damals überhaupt Ursache, eine Reise anzutreten? — der war fast immer auf die Kleinbahn als einziges, das Land erschließende Verkehrsmittel angewiesen, sofern er nicht das Glück hatte, am Wege einer der großen Hauptbahnen zu wohnen. Wer also damals, anstatt auf Schusters Rappen seine Straße zu ziehen und mit Rucksack und Wanderstab fürbaß zu schreiten, sich den Luxus einer Reise mit der Eisenbahn gönnen wollte, der stellte sich wenigstens eine halbe Stunde vor Abfahrt des Zuges am Bahnhof ein Bei gutem Wetter wurden Körbe und Kiepen unter der großen Linde oder Kastanie, die allzumeist das Bahnhofsgebäude überschattete und mit zu den kleinen Kostbarkeiten dieser Baulichkeit gehörte, abgestellt. Man hielt ein gemütliches Schwätzchen in der jeweiligen Mundart des Landes, man nahm regen Anteil am Geschick seines Mitmenschen, man lebte noch miteinander und nicht nebeneinander. In die lebhafte Unterhaltung mischten sich in Abständen die immer deutlicher vernehmbaren Pfiffe des heranschnaufenden Zuges. Man konnte ihn einfach nicht überhören, den Kleinbahnzug, denn Dampfpfeife und „Bimmel“ waren wegen der vielen unbeschrankten Bahnübergänge ständig in Tätigkeit. Mit knirschenden Bremsklötzen und dem hastig arbeitenden Schlag der Luftpumpe — sofern das Bähnlein überhaupt schon diese luxuriöse Einrichtung besaß — kam der Zug am Bahnsteig zum Stehen. Das Ein- und Aussteigen erwies sich als aufregende Angelegenheit. Auch das letzte Bäuerlein schien zu befürchten, der Zug würde ohne es abfahren. Man half sich gegenseitig, die Kiepe wurde hinaufgeschwungen, dann kraxelten die Bauernweiblein die hohen Stiegen hinauf, traten sich wohl bei dieser Gelegenheit auf die langen Röcke und ließen sich aufatmend und erschöpft auf die harten Bänke plumpsen. Alsbald begann das unterbrochene Bächlein der Rede wieder munter zu plätschern. Die männlichen Reisenden zogen die Tabakspfeifen aus den Taschen oder schoben den Priem in den Mundwinkel. Vorn, an der Spitze des Zuges, hub jene heftige und auch meist erfolgreiche Tätigkeit der Lokomotive an, die so ungemein zur Ruhe der Sinne und Schonung der Nerven beitrug. Der Wagen nahm seinen unnachahmlichen Rhythmus auf, Kleinbahnrhythmus, der in einem dumpfen, das Rückgrat der Fahrgäste arg strapazierenden „rumbumm — rumbumm — rumbumm — —“ bestand.

Niemand nahm Anstoß an der einfältigen Art der Beförderung, man stellte keine Ansprüche, man war zufrieden, nicht laufen zu müssen, man war bescheiden und empfand als Luxus, was wir heute als Martyrium bezeichnen würden. Ja ich weiß, man kann die Dinge natürlich auch anders sehen, man kann sie mit der Überheblichkeit des Zeitgenossen von 1971 betrachten, man kann über den so langsamen Betrieb die Nase rümpfen, kann über die hart gefederten Wagen mit den schlecht schließenden Türen und Fenstern oder über die mangelhaften sanitären Verhältnisse klagen, man kann den Schmutz und Ruß verlästern — natürlich kann man das alles und sich über den immensen Fortschritt der Technik im Gegensatz zu dieser altväterischen Einrichtung freuen. Aber wollen wir die Dinge wirklich so betrachten? Haben gerade unsere Kleinbahnen nicht ein gerüttelt Maß Anteil an eben diesem Fortschritt der Welt? Kommt ihnen über der rein verkehrsmäßigen Erschließung des Landes nicht eine stärkere, kulturelle, eine geistige Bedeutung zu? War die Kleinbahn in Wirklichkeit nicht die stärkste Waffe gegen Rückständigkeit, gegen Stumpfheit des Daseins, gegen die Auswüchse einer degenerierten Lebensweise in weltabgelegenen Ortschaften? Gegen Hexenwahn und Geisterkult, gegen Unduldsamkeit und Umweltfeindschaft, gegen Inzucht und Dummheit? Hinter dem Berg wohnen auch Leute! Das rief doch die „Bimmel“ der Kleinbahn der oft in geistiger Einfalt dahinlebenden

Landbevölkerung täglich mehrmals zu. Mit der Eisenbahn ganz allgemein kamen Handel und Wandel in Gang, mit ihr im Gefolge erschien die Zeitung, kam das Buch, kam die Technik als stärkste Waffen vor der großen Revolution durch Kino und Radio. Mit dem ersten Kleinbahnzug, der von Kunzendorf nach Entenbach pfiff und bimmelte, zogen Zivilisation und Kultur in der Worte bester Bedeutung in das abgelegene Land ein. Der Lokomotivenpfiff war das Fanal der neuen Zeit, er blies den Leuten die Scheuklappen von den Augen, machte taube Ohren hören und öffnete die verschlossenen Herzen. Wo immer sie auftauchte, mit der Eisenbahn zogen Aufgeschlossenheit und Weltoffenheit im Gefolge einher. Wer denkt noch daran, daß bis in die Mitte des vorigen Jahrhunderts hinein in einsamer Gegend der Räuber mit Schnappsack, Metzgermesser und Donnerrohr sein Unwesen trieb? Zweifellos begehen wir oft den Fehler, nur die guten Seiten der Vergangenheit und die Schattenseiten der Gegenwart miteinander zu vergleichen. Bei der Betrachtung unserer Neben- und Kleinbahnen dürfen wir hier jedoch ein ruhiges Gewissen haben. Allerdings wollen wir ihrem Dahinschwinden nicht in romantischer Schwärmerei nachtrauern, vielmehr ihnen in herzlicher, bewundernder, achtungsvoller Freundschaft treue Erinnerung bewahren, so, wie es im Titel unseres Buches zum Ausdruck kommt: Liebe alte Bimmelbahn!

Dabei ist die Frage gar nicht einfach zu beantworten, die zwangsläufig auftaucht: Was ist das denn eigentlich, eine Bimmelbahn? Die Fülle der Erscheinungsformen, die sich uns bei Prüfung des Tatbestandes bietet, ist überwältigend. Wie viele solcher Bahnen und Bähnchen hat es doch gegeben! Und alle waren sie voneinander verschieden. Auf wenigstens sechs verschiedene Spurweiten verteilen sie sich. Innerhalb ihrer Kategorie ist wiederum jede nach anderen Gesichtspunkten angelegt, jede Bahn folgt eigenen Entwicklungsgesetzen, wie es in der Fülle verschiedenster Konstruktionen von Lokomotiven und Wagen zum Ausdruck kommt. Dabei wollen wir die Straßenbahnen gänzlich außer acht lassen. Sie fallen zwar auch in das Gebiet der Kleinbahnen und besaßen zum Teil beachtliche Ausdehnung. Sie bilden aber ein Kapitel für sich, und wir begegnen ihnen nur dort, wo sie den Charakter von Überland-Kleinbahnen angenommen haben und wo — das ist vielleicht ein Charakteristikum — auf ihnen auch Güterverkehr herrscht.

Der Gesetzgeber hat beizeiten erkannt, daß diesen mit einfachen Mitteln betriebenen Bahnen eine erhöhte Bedeutung bei der Erschließung des Landes zukam. So hat es frühzeitig in den Ländern Bestimmungen gegeben, die den Betrieb von zweitklassigen Bahnen ermöglichten.

Wenn wir die Dinge sachlich betrachten, so gibt es eigentlich nur zwei deutlich voneinander zu trennende Arten von Bahnen: Solche mit normaler und mit schmaler Spurweite. Man kann auch juristisch eine Trennungslinie ziehen zwischen Bahnen, die auf Grund der für den allgemeinen Verkehr gültigen gesetzlichen Bestimmungen gebaut wurden (in den meisten deutschen Ländern nach den alten Eisenbahngesetzen — solche Bahnen werden allgemein als Neben-, Sekundair-, Lokal- und Vizinalbahnen eingestuft, auch wenn ihr Eigentümer nicht der Staat ist —), und in Preußen Eisenbahnen, die nach Erlaß des Gesetzes über die Kleinbahnen und privaten Anschlußbahnen vom 28. Juli 1892 entstanden sind. Dieses bekannte Gesetz stellt den Begriff der „Kleinbahn" erstmals besonders heraus, wie sie in Preußen zu besonderer Bedeutung gelangt ist. Ausschlaggebend für diese gesetzliche Regelung war die Überlegung, daß man Ende der achtziger Jahre des vergangenen Jahrhunderts die so notwendige weitere Erschließung des Landes, besonders des preußischen Ostens, durch die Eisenbahn mit dem System der Staatsbahnen nicht für wirtschaftlich hielt. Um 1880 waren Streckensystem und Betriebsweise der Staatsbahn im wesentlichen festgelegt. Diese sah eine strikte Trennung von Personen- und Güterbeförderung vor, für beide Betriebsarten gab es getrennte Vorschriften.

Diese Trennung hielt man aber im Hinblick auf die zu erwartende Betriebsweise der neu anzulegenden Bahnen nicht für wirtschaftlich. Es mußte eine Betriebsweise gefunden werden, die es den Unternehmen ermöglichte, die Betriebsausgaben und die zu erwartenden Gesellschaftskosten mit den Einnahmen in Einklang zu bringen. Der preußische Staat regelte diese Fragen in vorbildlicher Weise in dem oben erwähnten Gesetz und gab auch gleich in dessen § 1 eine entsprechende Definition:

„Kleinbahnen sind die dem öffentlichen Verkehr dienenden Eisenbahnen, welche wegen ihrer geringen Bedeutung für den allgemeinen Eisenbahnverkehr dem Gesetz über die Eisenbahnunternehmungen vom 3. November 1838 nicht unterliegen."

Nun wissen wir es ganz genau. Da aber vor 1892 bereits eine Reihe von privaten Nebenbahnen auf Grund der Bestimmungen von 1838 entstanden waren, finden wir in Preußen zwei Arten von Bimmelbahnen, die älteren — offiziell Nebenbahnen geheißen — und die jüngeren, nunmehr nach dem Wortlaut des Gesetzes „Kleinbahnen". Als Unternehmer und Gründer der Kleinbahnen, die nach 1892 zahlreich entstanden, treten die verschiedensten Körperschaften, Aktiengesellschaften und Privatleute auf. Wir verzeichnen gemeindeeigene, kreiseigene (Kreisbahn), landeseigene Bahnen, aber auch von kapitalkräftigen Unternehmen betriebene Linien (Lenz & Co., Hermann Bachstein, Vering & Waechter u. a.). Besonders das Unternehmen von Lenz & Co. entwickelte sich alsbald zum größten preußischen privaten Kleinbahn-Unternehmen. Unsere diesem Buch als Anhang beigegebene Zusammenstellung vermittelt einen guten Überblick über die Eigentumsverhältnisse der Klein- und Nebenbahnen.

Wir erwähnen mit Absicht das preußische Gesetz über die Kleinbahnen, denn diese spielen dort die größte Rolle, denken wir nur an die großen landwirtschaftlich genutzten Gebiete des damaligen preußischen Ostens. So verzeichnet die Statistik im Jahre 1909 in Preußen allein 245 Kleinbahnen, auf denen 1099 Dampflokomotiven, 2557 Personenwagen und 13 949 Güterwagen liefen. Das dichteste Kleinbahnnetz bestand in Pommern, dort entfielen bereits im Jahre 1905 8,28 km Kleinbahn auf je 10 000 Einwohner. An zweiter Stelle folgte Schleswig-Holstein mit 5,11 km. In puncto Kleinbahn war Schlesien noch unterentwickelt, dort gab es nur 1,08 km auf 10 000 Einwohner. 13 preußische Bahnen waren länger als 100 km, 25 länger als 80 km, die außerpreußischen Kleinbahnen waren sämtlich kürzer, sie spielten in den anderen Bundesländern nur eine ganz untergeordnete Rolle.

Das Kleinbahngesetz von 1892 regelte auch genau den Betriebsdienst der Bahnen; getrennt nach Normalspur und Schmalspur. Es legte die größte Fahrgeschwindigkeit auf 30 km/h, später auf 40 km/h fest, bei Vorliegen einer Sondergenehmigung der Aufsichtsbehörde waren 50 km/h das höchste des Erreichbaren. Gerade diese Vorschriften hinsichtlich der Geschwindigkeit sind aber für die Fahrzeugentwicklung ausschlaggebend gewesen. Denn man ging vom Güterzugdienst der Staatsbahnen aus, der damals mit Geschwindigkeiten von 30 und 40 km/h betrieben wurde. Demzufolge genügten auch in den ersten Jahren nach Aufkommen der Kleinbahnen Lokomotiven einfachster Konstruktion, für die normalspurigen Bahnen zwei- oder dreifach gekuppelte Tendermaschinen preußischer Regelbauart, auf den Schmalspurstrecken verrichteten wahre Knirpse von Lokomotiven Dienst. Später, als der Verkehr einen gewissen Aufschwung nahm und höhere Zugleistungen verlangt wurden, gesellten sich auch Gelenklokomotiven der Bauart Mallet und Meyer, also Maschinen mit zwei Dampf-Drehgestellen, dazu.

Mit diesen einfachen Maschinen sind einzelne Bahnen bis in die Gegenwart ausgekommen. Aber wie es nun einmal mit jedem Durchschnittselement ist, es stimmt dann nicht mehr, sobald sich eine der Bedingungen ändert. Und meist entwickelte sich der Personen- oder der Güterverkehr anders als vorausgesehen. Die Bahnen schritten zur Beschaffung von für ihren Zweck speziell geeigneten Typen, es kam zu jener sattsam bekannten Vielfalt von Lokomotivkonstruktionen, wie wir sie in den nachfolgenden Blättern zahlreich antreffen werden. Ankauf von älteren Staatsbahnlokomotiven ging Hand in Hand mit dem Entwurf eigener Baumuster, dem schließlich Typisierungsbestrebungen der Industrie folgten, die im Entwurf der bekannten ELNA-Lokomotivreihe gipfelte. Nach dem Zweiten Weltkrieg gab es abermals Neuentwürfe, die indes nur noch in geringer Anzahl bestellt wurden, denn die Tage der Kleinbahnen waren gezählt. Sie verschwinden immer mehr, der Straßenomnibus übernimmt ihren Platz, und die ganze einstige Vielfalt der Bimmelbahnen gehört heute der Geschichte an. Auf den letzten Strecken versehen Diesellokomotiven oder Dieseltriebwagen den geringen Dienst.

Auf den nachfolgenden Blättern soll sie noch einmal lebendig werden, die Mannigfaltigkeit alles dessen, was wir als Bimmelbahn einstens lieben gelernt haben. Sie ist beileibe nicht vollständig, unsere Sammlung, dazu ist die Zahl der Bahnen zu groß. Wir konnten nur herausgreifen, was uns bemerkenswert und interessant erschien, auch über unsere Landesgrenzen hinaus. Und gerade jenseits der Grenzpfähle bietet sich im benachbarten Österreich ein gleichermaßen vielfältiges Bild kleiner und größerer Bahnen, so daß zwangsläufig eine Ausweitung des Themas auf den deutschsprachigen Raum überhaupt stattfand. Einige Karikaturen aus den Münchener „Fliegenden Blättern“ runden unsere Schau ab. Viele namhafte Fotografen haben wieder zum guten Gelingen des Werkes beigetragen. Ihnen allen sei an dieser Stelle herzlich gedankt. Besonderer Dank gebührt dem Verleger, der sich selbst ein Herz für die Bimmelbahn bewahrt hat und so das Zustandekommen dieses Buches erst ermöglichte. Bei der Zusammenstellung des Stoffes haben wir unsere eigene Einteilung getroffen, die sich lose an den jeweiligen Einsatzzweck anlehnt. Es lassen sich viele Gesichtspunkte finden, Ordnung in das Chaos zu bringen, aber bewerten wir diese Dinge nicht über. Es geht nicht um Klassifizierungsbestrebungen, es geht allein darum, in unserer schnellebigen Zeit die Bedeutung dieses einst so wesentlichen Verkehrszweiges nicht aus der Erinnerung zu verlieren.

Denn es ist eine andere, eine versunkene Welt, die sich in unseren Blättern widerspiegelt, es ist eine andere Zeit. Wir erwähnten bereits, was jedes Bähnlein damals für seine Landgemeinden bedeutete. Wie man sich zwar vor seinem Bau heftig in den Haaren lag, wie man lautstark im Wirtshaus dagegen und dafür stritt, aber der Fortschritt dann in den meisten Fällen siegte. Wie dann der Zugverkehr allmählich in das Leben der einfachen Menschen eingriff, daß man sogar die Tageszeit nach dem Pfiff der Lokomotive bemaß. Noch bei den Großeltern des Verfassers war es üblich, daß man erst zu Bette ging, wenn der letzte Kleinbahnzug mit langgezogenem Pfiff den Berg herab ins Städtchen gepoltert war und sozusagen dem Tag sein Ziel gesetzt hatte. „Der letzte Zug ist herein“, hieß es dann, „nun können wir zur Ruhe gehen.“

Eine oft unbewußte Liebe verband die Bevölkerung mit ihrer Kleinbahn. Man schimpfte zwar über sie, über ihre Bedächtigkeit, über ihren Rauch, über ihr lärmendes Gepfeif und Gebimmel, aber man liebte sie. Man wurde gemeinsam mit den Lokomotiven und Wagen alt, es waren ja immer die gleichen. Man kannte die Bahnbeamten, man kannte die Strecke, die Klein-Kleckersdorf mit der großen Welt verband, Freud und Leid teilte man mit seiner Bimmelbahn in guten und bösen Tagen. Die vielen rauh-zärtlichen Bezeichnungen sind Beweis dafür. Schließen wir unsere einführenden Worte mit den Versen des erzgebirgischen Dichters Max Nacke, die er seinem Bähnlein, der alten schmalspurigen Müglitztalbahn Heidenau—Altenberg gewidmet hat und die alles das wiedergeben, was zu diesem Thema noch zu sagen verbleibt.

's Bimmelbahnel

Hab ich 'nen guten Freund um mich, den möcht ich nimmer meiden.
So ist es wohl mit jedem Ding, da läßt sich gar nicht streiten.
Wenn ich etwas recht lange hab' und soll es von mir geben,
Dann tut mir's leid, wie uns're Bahn, 's ist mir ein Stückchen Leben.

Alte gute Bimmelbahn, bimmel bimmel bum,
Keuchst du nun schon manches Jahr um den Neufang 'rum.
Kommst du oben in Altenberg die Steigung sacht heran,
Grüß ich dich mit Herz und Hand, du alte Bimmelbahn.

Kommt ihr Leute, schiebt ein bissel, kommt ihr Leute, schiebt
ein bissel, kommt ihr Leute, schiebt ein bissel, schiebt!

Angeschlängelt kommt es früh, unser Bimmelbahnel,
Rädchen sind nicht größer dran, als am Leiterwagel'.
D' Lok'motiv dampft sachte hin mit ihr'm dicken Kopf,
Und der Hammer schlägt im Takt auf den alten Topf.

Alte, gute Bimmelbahn, bimmel bimmel bum,
Keuchst du nun schon manches Jahr um den Neufang 'rum.
Kommst du oben in Altenberg die Steigung sacht heran,
Grüß ich dich mit Herz und Hand, du alte Bimmelbahn.

Kommt ihr Leute, schiebt ein bissel, kommt ihr Leute, schiebt
ein bissel, kommt ihr Leute, schiebt ein bissel, schiebt!

’s Bimmelbahnel

Den Reigen unserer Bähnchen soll eine besonders geschätzte Gruppe eröffnen — das Bimmelbahnel. Oh, das ist absolut eine eigene Gattung unseres Oberbegriffes Bimmelbahn, und der Kenner wird uns weise zustimmen und schon beim Lesen des Wortes das Gesicht zu behaglichem Schmunzeln verziehen. Bimmelbahnel — so heißen all die vielen, idyllisch und romantisch gelegenen Schmalspurbahnen mit 750 mm Spurweite, wie sie allenthalben die Täler des sächsischen Berglandes in phantastischen und abenteuerlichen Windungen und Krümmungen durchziehen, aber auch im sächsischen Flachland zu finden sind. Man trifft sie dort, wo es galt, mit einfachen Mitteln gewerbefleißige und betriebsame Orte dem Verkehr zu erschließen. Wo in den Tälern des Erzgebirges die Heimarbeit zu Hause ist, wo gewerkelt, gedrechselt, gehämmert, geklöppelt, gestrickt und gesponnen wurde, wo viele fleißige Hände von jung und alt angestrengt schafften, der oft bitteren Not und Armut zu steuern, da keuchte auch das Bimmelbahnel den Berg hinauf, pfiff den Leuten freundlich seinen Gruß zu, und in keinem deutschen Landstrich ist die Kleinbahn so unmittelbar mit der Bevölkerung verbunden gewesen wie in Sachsen. Das mag an der Unwegsamkeit des Berglandes liegen. Der Verkehr war auf die Täler angewiesen, im Winter machte tiefer Schnee die Straßen unpassierbar und riegelte die Dörfer von der Umwelt ab. Nur das Bimmelbahnel dampfte und schnaufte „’s Bargel sachte ro“ und verband die Gebirgler mit der großen Welt.

Um 1884 herum hatte der sächsische Staat begonnen, diese von den großen Verkehrsadern abgelegenen Gebiete mit Hilfe der Eisenbahn zu erschließen. Eine sparsame Verwaltung wählte die schmale Spurweite. Man versprach sich kein großes Verkehrsaufkommen, zudem war die kleine Spur wie geschaffen, in dem bautechnisch schwer zu trassierenden Gelände auf billige Weise voranzukommen. Nicht immer gab die Entwicklung dieser Vorschau recht. Das starke Verkehrsaufkommen im gewerbefleißigen Müglitztal zum Beispiel führte dazu, daß das Bimmelbahnel Mitte der dreißiger Jahre auf Normalspur umgebaut werden mußte.

Die meisten kleinen Bahnen des immerhin 550 km umfassenden Netzes existieren auch heute noch. Abgesehen von den lokalen Transportaufgaben kommt ihnen eine besondere Bedeutung für den Fremdenverkehr zu. Im Sommer schafft ’s Bimmelbahnel Scharen von luft- und sonnenhungrigen Städtern zu den Kurorten des Gebirges. Den Winter über pusten lange Züge mit Wintersportlern den Berg hinauf, dann herrscht lustiges Treiben auf den kleinen Bahnhöfen. Die folgenden Seiten sollen uns noch einmal Glanz und Herrlichkeit des Bimmelbahnels vor Augen führen — Abendglanz, denn auch sie müssen der Entwicklung weichen. Wir haben den sächsischen auch die vier schwäbischen „Bimmelbähnle“ angefügt, die 750 mm Spurweite besaßen und mit den gleichen Lokomotiven und Wagen betrieben worden sind. Sie sind eng miteinander verwandt, und ob Bahnel oder Bähnele — eines ist so liebenswert wie das andere.

Mitten hinein ins volle Maschinenleben führen uns die ersten Fotos. Schauplatz der Handlung im oberen Bild ist das Bw Kirchberg an der Strecke Wilkau-Haßlau—Carlsfeld. Ein verträumtes kleines Bahnbetriebswerk, wie aus einem Modellierbogen herausgeschnitten. Und doch erfüllt es genau wie das große Hauptbahn-Bw gleichwichtige Funktionen. Zwei Maschinen der Baureihe 99, ehemals Gattung IV K der Sächsischen Staatsbahn, sind mit dem Restaurieren beschäftigt, mit Kohle- und Wasserfassen, Entschlacken des Rostes, Ölen und Schmieren und was dergleichen wichtige Verrichtungen mehr sind. Der Fahrplan läßt Zeit für gewissenhafte Pflege. Wenn dann die Lok wieder an den Zug rollt, muß der Heizer die Weiche noch von Hand betätigen wie im Bild rechts, aufgenommen in Wilkau-Haßlau (beide Fotos Illner).

99 584

Trotz ihres Alters sind die Lokomotiven der ehemaligen Klasse IV K (gebaut zwischen 1892 und 1921) noch heute in Sachsen anzutreffen, ja zum Teil hat sie das Schicksal in andere Landstriche verschlagen, und einige verrichten auf der Insel Rügen Dienst. Das waren tüchtige Maschinen. Im Bild unten, aufgenommen in Wermsdorf (Foto Schulze), ist ihre Bauart gut erkennbar, deren Besonderheit die beiden Maschinendrehgestelle – nach ihrem Erfinder Bauart Meyer benannt — sind, vermittels derer sie in der Lage waren, Krümmungen bis zu 40 m Halbmesser anstandslos zu durchfahren. Und Krümmungen wiesen die vielen Bimmelbahnel wahrhaftig genügend auf.
Unser Bild rechts (Foto Illner) zeigt übrigens eine für das Bimmelbahnel typische „Fuhre“ und macht auch deutlich, wie der Verkehr mitunter die Grenze des Möglichen erreicht hat. Da keuchen zwei Lokomotiven der eben erwähnten Gattung vor einem langen Zug das Muldental entlang. Der Zug hat eben das Städtchen Wilkau-Haßlau verlassen und will ins Erzgebirge hinaufdampfen. Die Autobahn Chemnitz—Plauen überspannt hier kühn das Mulden- und Rödelbachtal. Der Zug besteht nicht nur aus Personenwagen. Auf sogenannten Rollböcken werden auch normalspurige Güterwagen mitgeführt.

99 590

Soeben läuft im Bilde oben das Schmalspurbahnel aus Lommatzsch in den Bahnhof Döbeln ein und benutzt gemeinsam mit der Hauptbahn vorher die Brücke über die Freiberger Mulde (Foto Illner).
Einen Außenseiter gab es allerdings beim Bimmelbahnel, nämlich die meterspurige Bahnstrecke Reichenbach—Oberheinsdorf, deren Zug wir im Bild rechts durch die Straßen der Stadt Reichenbach im Vogtland dampfen sehen, an der Spitze eine der drei einzigen Fairlie-Lokomotiven, die bis 1957 noch Dienst verrichteten. Das Besondere dieser Lokomotivbauart besteht darin, daß die Lokomotive zwei Kessel besitzt, die mit der Stehkesselrückwand verbunden sind. Früher waren die Lokomotiven wie eine Straßenbahn völlig umkleidet, wegen der besseren Belüftung wurde diese aber später entfernt (Foto Illner).

99 161

DB
99 633
2

99 651

Nun ein Abstecher vom sächsischen Bimmelbahnel zum schwäbischen Bähnele, das auf gleicher Spurweite von 750 mm und vielfach mit den gleichen Lokomotiven verkehrte. Da treffen wir im Bild links oben (Foto Schulze) den Federsee-Expreß Schussenried—Riedlingen, geführt von Lokomotive 99 633. Sie gehört zur Gattung Tssd der ehemalig Württembergischen Staatsbahn. Zwischen 1899 und 1913 gebaut, besaß sie eine gewisse Ähnlichkeit mit der sächsischen Type, nur hatte man die Bauart Mallet gewählt, bei welcher das hintere Triebwerk fest im Rahmen gelagert war. Diese Lokomotiven folgten im Reichsbahn-Nummernplan gleich hinter den Sachsen, so daß alle Bimmelbahnel-Lokomotiven die Nummern 99 501—793 besetzten.
Im Bild links unten schauen wir der Lokomotive 99 651, die der sächsischen Gattung VI K angehört, aber nach Württemberg überwiesen wurde, beim Wasserfassen im Bw Ochsenhausen zu. Sie verkehrte auf der Strecke Biberach—Ochsenhausen (Foto Schulze). Das Bild unten schließlich zeigt uns den Expreßzug des Bottwarbähneles in voller Aktion, aufgenommen in der Kurve zwischen Kleinbottwar und Steinheim auf der Bottwartalbahn von Heilbronn Süd nach Marbach. Auch die Lokomotive 99 650 ist eine alte Sächsin, die früher einmal auf der Müglitztalbahn in Betrieb stand (Foto Baier).

Gew Lok 42,25 t
Br Gew. 23,8 t
Wasser 6,5 m³
Kohlen 2,5 t
99 650

Wir sind unserer schwäbischen Sächsin gefolgt und schauen ihr nunmehr im Bahnbetriebswerk Heilbronn Süd beim Bekohlen zu, einem höchst wichtigen Vorgang. Für die Freunde unserer Kleinbahnen, die im Lokomotivlatein noch nicht so zu Hause sind, sei gesagt, daß es sich bei fast allen Lokomotiven dieses Zweiges um sogenannte Tenderlokomotiven handelt. Diese führen keinen besonderen Kohlenwagen (Tender) hinter sich her, ihre Vorratsbehälter sind vielmehr hinter dem Führerhaus (für die Kohlen) und seitlich neben dem Kessel (für das Wasser) untergebracht. Der Kohlenbehälter muß von Zeit zu Zeit aufgefüllt werden. Das geht beim Bähnele recht einfach zu, ein kleines Kohlenwägelchen wird mit dem Bekohlungskran angehoben und sein Inhalt einfach von oben in den Kohlenbehälter geschüttet. Diese Lokomotiven der ehemals sächsischen Klasse VI K, wie der Fachmann sagt, besaßen fünf kleine gekuppelte Treibräder und wurden zwischen 1918 und 1927 gebaut (Foto Baier). 1928 ging man dann dazu über, für 's Bimmelbahnel neue und kräftigere Lokomotiven zu beschaffen, die zusätzlich vorn und hinten eine Laufachse besaßen. Diese moderne Type wurde sogar 1952—56 noch einmal nachgebaut, und im Bild unten sehen wir eine solche Maschine, diesmal beim Wasserfassen am Wasserkran aufgenommen (Foto Hirth).

99 773

Kreuzung zweier Schmalspurbahnzüge im Bahnhof Geyer im Erzgebirge an der Strecke Schönfeld-Wiesa—Thum—Meinersdorf in der prächtigen Landschaft zwischen dem Zschopau- und dem Muldentale. Auch für Wirtschaft und Bevölkerung dieser Gegend bedeutete 's Bimmelbahnel den Anschluß an die große Welt, und es wird noch heute fleißig benutzt, wie unser Bild ausweist (Foto Illner). Die Lokomotive gehört dem vorerwähnten Neubau der schmalspurigen Einheitstype an.

298.56

99 735

Auch Österreich besitzt seine Bimmelbahnen, und wenn wir das Bild links oben in den Reigen unserer Sachsen und Schwaben mit einordnen, dann verleiht uns nicht nur die verwandte Spurweite von 760 mm eine gewisse Berechtigung, sondern ebenfalls die landschaftliche Schönheit der dortigen Bahnen. Unser Bild (Foto Griebl) zeigt einen Schmalspurzug bei der Einfahrt in den Bahnhof Sarming.

Links unten werden die Lokomotiven für den „Expreßzug" der Zittau—Oybin—Jonsdorfer Bahn im Bahnhof Zittau angeheizt (Foto Hirth), während das Bild oben die Bereitstellung des Kleinbahnzuges im schmalspurigen Teil des Bahnhofs Willischthal an der Zschopau zeigt. Nehmen wir mit diesem romantischen Bild (Foto Illner) Abschied vom Bimmelbahnel und seinen dickbäuchigen Lokomotiven.

Gemütlich.

Auf der Sekundärbahnstrecke Heidewinkel—Krauthagen hält der Zug, der zur Zufriedenheit der Passagiere schon eine volle Stunde ohne jede Störung gefahren ist, auf freiem Felde plötzlich an. „Was ist los?" ruft der Kondukteur dem Lokomotivführer zu. — „Kuh auf dem Gleis!" schnauzt dieser. — Nach zehn Minuten ist das Hindernis beseitigt und die Fahrt geht weiter. Aber kaum eine Viertelstunde später hält der Zug abermals an. „Was zum Teufel ist denn schon wieder los?" wettert der Kondukteur. — „Kuh auf dem Gleis!" antwortet der Lokomotivführer. — „Was, schon wieder eine?" — „Ach nee —

es ist dieselbe von vorhin!"

Die Billigen

Ob dieser Überschrift wird sich mancher Leser nachdenklich fragen: Was soll's? Stand zu Anfang nicht geschrieben, daß es ein besonderes Merkmal aller Kleinbahnen sei, durch billige Bauweise und einfache Betriebsmittel dort eine Rentabilität des eingesetzten Kapitals zu erreichen, wo sie naturgemäß nach Lage der Dinge nicht mehr zu erwarten war? Und nunmehr wird uns eine besondere Gruppe von Bahnen als „billig" vorgestellt?

Zweifellos hat derjenige recht, der so fragt. Er wird aber dennoch einige feine Unterschiede zwischen den einzelnen Bahnen zugeben müssen, wenn er sich nämlich des guten Oberbaus beispielsweise beim Bimmelbahnel erinnert — er war dort nach Reichsbahn-Normen ausgeführt — und sich gleichzeitig die sparsame und wirklich billige Gleisanlage einzelner östlicher Schmalspurstrecken vor Augen hält, bei welchen die Schienen einfach in Sand oder Kies verlegt waren. So soll diese Gruppe deshalb den bescheidensten Vertretern unserer Spezies vorbehalten bleiben, wie sie fast ausschließlich in Preußen auf Grund des erwähnten Kleinbahngesetzes entstanden sind. Unter diesen nach billigsten Prinzipien errichteten Bahnen hat es nichtsdestoweniger große und ausgedehnte Netze gegeben, denken wir nur an die Mecklenburg-Pommerschen Schmalspurbahnen, an die Hinterpommerschen Kleinbahnen, an die Wirsitzer Kreisbahnen und an manch anderes ost- oder norddeutsches Unternehmen. Solche Bahnen verzichteten oft auf einen eigenen Bahnkörper. Das Gleis benutzte einfach die vorhandene Chaussee mit, und ein Bahnhof ließ sich einsparen, wenn man 's Bähnle mitten durchs Dorf führte.

Es ist kein Geheimnis, daß hier manchmal die Billigkeit ad absurdum getrieben wurde und Rentabilität am falschen Ende erreicht werden sollte. Einfach ist nicht immer billig. Auch der Betrieb einer noch so einfachen Schmalspurbahn ist mit hohen fixen Kosten belastet, an erster Stelle mit dem Kapitaldienst. Löhne für das Personal und die Betriebsstoffe fallen an, unabhängig davon, ob viele oder wenige Fahrgäste im Zuge sitzen. Manche Bahn ist daher bereits nach wenigen Betriebsjahren einer Fehleinschätzung zum Opfer gefallen und hat den Betrieb wieder eingestellt. Mitunter traten zwar kapitalkräftige Gesellschaften als Erbauer derartiger Bahnen auf, denken wir nur an das bekannte Unternehmen von Lenz & Co. Hier wurden die Betriebskosten oft mit ausgeklügelten Methoden niedrig gehalten, u. a. damit, daß man den Betriebsbahnhof und die Werkstätten in ländliches Gebiet, oft an die Endstation der Bahn, verlegte, wo Arbeitskräfte für geringen Lohn zur Verfügung standen.

Unsere Betrachtungen machen deutlich, daß sich aus dem Oberbegriff der Kleinbahnen die „Billigen" als markante Gruppe herausheben. Ihre Bedeutung für die Erschließung des Landes war aber nicht geringer als die der aufwendigeren Linien.

99 5606

Gleich auf den ersten Seiten dieses Kapitels stürmt eine Fülle von Bildern auf uns ein. Auf Seite 30 oben haben wir einen Zug der ehemaligen Franzburger Kreisbahn mit Meterspur getroffen. Er steht zur Abfahrt bereit, die letzten Fahrgäste steigen ein und gleich wird das winzige, aus dem Jahre 1894 stammende Lokomotivchen seine dünnen Dampfwölkchen in den Ostseehimmel puffen (Foto Crantz). Das darunterstehende Bild, eine Vorkriegsaufnahme der Kleinbahn Greifswald—Wolgast (Foto Harder), das die Lokomotive noch mit der alten Betriebsnummer 51^{M} zeigt, wie sie die Firma Lenz & Co. ihren Lokomotiven gegeben hat, erinnert uns daran, daß in Mitteldeutschland im Jahre 1949 alle Privatbahnen verstaatlicht wurden und die Lokomotiven Reichsbahn-Nummern erhielten.

99 5705

Deutsche Reichsbahn
99 4503

Das Bild auf Seite 31 zeigt uns den Zug der meterspurigen Hoyaer Kleinbahn (Foto Kindermann) in dem Augenblick, als er eben seine Runde durch die Dörfer zum Schrecken des Federviehs, insbesondere der Gänse, Enten und Hühner, unternommen hat. Die im Bild daherdampfende Lokomotive ist übrigens in dankenswerter Weise von begeisterten Eisenbahnfreunden vor dem Verschrotten bewahrt und unter der Betreuung des Deutschen Kleinbahnvereins für Sonderfahrten wieder einem neuen Daseinszweck zugeführt worden. Auch bei den kurvenreichen Billigen hat man es mit Lokomotiven der Bauart Mallet, also solchen mit zwei Triebwerken, versucht. Das Bild Seite 32 zeigt eine weitere Maschine der Franzburger Kreisbahnen im Bahnhof Stralsund Ost. Hinter der Nummer 99 5622 verbirgt sich die 1902 gebaute Lok 165 des Voreigentümers (Foto Illner). Das Bild der Maschine 99 4621 auf der folgenden Seite 33 oben dokumentiert, daß man das Befahren der engen Kurven dieser Bahnen nicht nur mit Triebwerksteilung, sondern auch mit anderen Konstruktionen versucht hat. Die abgebildete Lok stammt von den Rügenschen Kleinbahnen (750 mm Spurweite, Foto Gebert) und ist eine umgebaute Hagans-Maschine aus dem Jahre 1901, bei welcher über einen langen Schwinghebel die hinteren Achsen angetrieben wurden.

Auf Seite 33 unten schließlich grüßt uns eine der bekanntesten Vertreterinnen unserer Billigen, die allseits — besonders bei den Berlinern als Ausflugsbahn — geschätzte „Spreewaldguste", das Kleinbähnchen Lübben—Staupitz mit 1000 mm Spurweite. Der Zug steht abfahrbereit in Lübben und wird sich sogleich auf die Reise durch die so eigenartige und stimmungsvolle Sumpf- und Urstromlandschaft des Spreewaldes begeben (Foto Crantz). Blättern wir im Reigen unserer Lokomotiven eine Seite weiter, so erinnert uns das Bild Seite 34 oben daran, daß es in Oberschlesien ein 140 km großes Netz von Schmalspurbahnen gegeben hat. Seine Spurweite von 785 mm entsprach derjenigen der Grubenbahnen des dortigen Kohlenreviers. Die Bahnen sind teilweise heute noch in Betrieb, und auf unserem Bild (Foto Griebl) sehen wir einen Zug unter polnischer Flagge, aufgenommen 1962 im Bahnhof Gleiwitz-Trinneck. Das Knirpschen im Foto darunter stammt von der 750-mm-spurigen Prignitzer Kreiskleinbahn und wurde von Hartmann 1903 gebaut. Fünf Stück dieser nur zehn Tonnen schweren Miniaturlokomotiven hat die Bahn besessen. Nun — unser Bild (Foto Hirth) weist es aus —, sie laufen heute noch zur Zufriedenheit von Eigentümer und Benutzern, obschon man es ihnen nicht so recht zutrauen will.

Die Bilder auf den Seiten 35 und 36 sollen uns an das ausgedehnte Netz der ehemals Mecklenburg-Pommerschen Schmalspurbahnen erinnern, die weite Teile des Landes Fritz Reuters dem Verkehr und der Wirtschaft erschlossen haben. Bei einfachsten Betriebsverhältnissen kam diesen Bahnen besondere Bedeutung zu. Der ausgedehnten Anlage des Netzes von 178 km Länge entsprachen die Lokomotiven, die zum Teil mit Schlepptender ausgerüstet waren, im Gegensatz zu den tenderlosen Maschinen anderer Strecken. Ja, im Landstädtchen Friedland in Mecklenburg gab es sogar ein richtiges Bahnbetriebswerk mit Ringschuppen, und auf Seite 35 treffen wir eine Lokomotive vor dem Schuppen (Foto Hirth) an. Das Lokpersonal ist mit der Wartung und Pflege beschäftigt. Auch das Bild der folgenden Seite 36 führt uns nochmals nach Friedland. Der Zug steht abfahrbereit (Foto Hirth) zur Reise in das Land der wogenden Kornfelder und der einsamen Seen. Die abgebildete Lok der Achsfolge D trug früher die Betriebsnummer 9, ihre Schwester der Vorseite ist die alte Nr. 4, Achsfolge C 1. Die Mecklenburg-Pommerschen Schmalspurbahnen gehören aus besonderem Grunde zu den Billigen. Mit nur 600 mm Spurweite stellen sie das größte Bahnnetz mit dieser kleinsten Spurweite in Deutschland dar.

Auf der Vorseite lernten wir auch noch die früher meterspurige Mindener Kreisbahn kennen, wie sie Dr. Feißel vor dem Zug in Minden auf die Platte gebannt hat. Die Schmalspurlok Nr. 16 mit Schlepptender und Puffern für Normalspur war der Star der Bahn. Im Ersten Weltkrieg ursprünglich für Brasilien gebaut, konnte sie wegen der Wirren nicht mehr abgeliefert werden und kam so als falscher Brasilianer nach Minden, wo sie sich übrigens sehr bewährt hat. Die Kreis Altenaer Eisenbahn, der wir im Bild unten begegnen, läßt sich zweifellos auch in das folgende Kapitel einordnen. Der Leser spürt bereits, wie problematisch Klassifizierungsversuche sind. Bei dieser Bahn gab es bis vor wenigen Jahren noch das, was der Eisenbahnfreund als echte Kleinbahnromantik geschätzt und geliebt hat. Da kommt der Güterzug, geführt von Lok Nr. 15, zwischen Augustenthal und Peddensiepen angedampft. Das Bahngleis benutzt die Chaussee mit. Leider fegen die Kraftfahrzeuge den Rollsplitt, mit dem die Straße ausgebessert worden ist, in die Spurrillen des Bahngleises. Was bleibt dem geplagten Bahnpersonal übrig, als dem Züglein voranzumarschieren und die Spurrillen vom Splitt freizukratzen, auf daß der feurige Elias seinen Weg fortsetzen kann (Foto Moll)? Unfaßbar, wieviel Zeit man damals hatte!

So war das auf der Kleinbahn. Manches unserer Fotos nötigt uns heute ein leises Lächeln ab. Wir verraten aber kein Geheimnis, daß zu den Tagen des Kleinbahnbetriebes über dieses Lächeln hinaus manch deftiges Gelächter in den Wirtshäusern die Bäuche der wackeren Biertischstrategen zum Wackeln brachte, wenn etwa der Herr Lokführer eine Episode aus seiner Fahrenszeit zum besten gab. Unser Bild Seite 39 (Foto Moll) zeigt, wie eine Störung an einem lebenswichtigen Teil der Lokomotive behoben wird und führt uns gleichzeitig die eminent wichtige Bedeutung des Läuteapparates vor Augen. Wehe, wenn die Bimmel nicht funktionierte! Wie sollte man sonst das Federvieh von der Straße vertreiben? — Das Bild auf den Seiten 40 und 41 läßt uns einen Abstecher ins schöne Holsteiner Land machen und gleichzeitig einen nicht alltäglichen Blick auf die Blütezeit unserer Kleinbahnen werfen. Der Zug der meterspurigen Norderdithmarscher Kreisbahn ist soeben auf dem Kleinbahnhof Heide eingetroffen (Foto Schölermann). Es ist Feierabend, die Leute kehren von ihren Arbeitsplätzen heim. Sagenhaft, daß es Zeiten gegeben hat, wo ein derartiger Betrieb auf dem Kleinbahnhof herrschte. Das Bild wurde etwa um 1930 aufgenommen und dürfte uns mehr als alle Worte vor Augen führen, was über Glanz und Elend der Bimmelbahnen zu sagen ist.

Nun aber ein dreifach Hoch dem Bähnchen, dem wir die Bildseiten 42 und 43 gewidmet haben! Und schnell Platz gemacht und die Straße geräumt! Pfeifend, bimmelnd, qualmend und mit kräftigen Auspuffstößen kommt „Molly" angedampft! Wie, mein Freund, Sie kennen „Molly" noch nicht? Das dürfte aber eine ausgesprochene Bildungslücke sein, denn wenn eine Kleinbahn mit ihrer Bevölkerung verbunden ist, nicht nur mit der Bevölkerung des Landes, darüber hinaus noch mit ungezählten Feriengästen, die „Molly" an das ersehnte Urlaubsziel brachte, dann ist es die 15 km lange 900-mm-Schmalspurbahn Bad Doberan—Kühlungsborn. Noch im Sommer 1966 dampfte „Molly" sechsundzwanzigmal (!) täglich die Strecke entlang. Züge von sieben, acht, neun Wagen waren dabei die Regel, und oftmals waren sie „proppenvoll". „Molly" verbindet das große Ostseebad Kühlungsborn (durch Zusammenschluß der Bäder Brunshaupten und Ahrendsee entstanden) mit der Hauptbahnlinie in Bad Doberan. Die Götter haben aus einer Laune heraus vor die Ankunft am Seegestade eine Reise mit „Molly" gesetzt. Im Bild links (Foto Bellingrodt) sehen wir den Zug in seiner ganzen Länge, während oben (Foto Mehlig) „Molly" eben einmal wieder die Straßen von Bad Doberan verräuchert. Die Reichsbahn hat die Lokomotiven 99 321—323 eigens für „Molly" entwickeln lassen.

997202

Die Bergigen

Sie unterscheiden sich von den Bahnen des vorigen Kapitels nur durch die Lage. Wenn wir dennoch die Schmalspurbahnen des Flachlandes von denen des Hügellandes getrennt haben, so soll damit zum Ausdruck kommen, wie man von verschiedenen Gesichtspunkten an den Bau von schmalspurigen Strecken herangegangen ist. War es bei den Kleinbahnen des nord- und ostdeutschen Flachlandes die Armut der Bevölkerung und der Kapitalmangel der unternehmenden Kreise, so lag bei den schmalspurigen Bergbahnen meist der Wunsch zugrunde, größere und teure Kunstbauten zu vermeiden und bei der Trassierung aufgrund der vereinfachten Bestimmungen Gelder zu sparen. So kraxelt denn unsere kleine Bahn mühsam ins Gebirge hinauf, schnauft pustend und qualmend den Kamm entlang, um auf der anderen Seite anschließend in munterem Galopp wieder hinunterzuholpern und zu stolpern. Immerhin tritt uns in dieser Gattung eine stattliche und auch berühmte Anzahl von Bahnen entgegen, denken wir nur an die seit der Zeit ihres Baues sehr geschätzte Harzquer- und Brockenbahn, bei der schon kräftige Mallet-Lokomotiven notwendig waren, um den Zug die vielen Windungen um den Berg herum hinaufzubefördern. Wie die Brockenbahn für die Erschließung des höchsten norddeutschen Berges, so sind auch eine Reihe anderer Bähnchen zur touristischen Attraktion geworden, und eine Bergbesteigung — für viele Urlauber normalerweise ein mühseliges Geschäft, dem man sich nicht so gern unterzieht — gewinnt erheblich an Reiz, kann man doch den größten Teil des Weges per Eisenbahn zurücklegen.

Daß wir die Bergigen in großer Anzahl in Österreich finden, nun, das hat geographische Gründe. Die landschaftlich schöne Lage dieser Bahnen, ihre interessanten Lokomotiven und ihre netten kleinen Wagen sind hinreichend Anlaß, den Reigen unserer deutschen Bergsteiger zu ergänzen. Aber auch im eigenen Lande gibt es Beispiele, in welch beachtlichem Umfang sich die Leistungen einer derartigen Schmalspurbahn entwickeln können. Wir denken hierbei besonders an die Brohltalbahn. Als eine der ältesten deutschen Bahnen dieser Art war sie ursprünglich als gemischte Reibungs- und Zahnradbahn gebaut. Die Zahnstange wurde jedoch nach dem Ersten Weltkrieg entfernt, und heute versehen starke Reibungslokomotiven der Bauart Mallet selbst auf 50 ‰ Steigung Dienst. Die Brockenbahn hingegen weist nur 33,3 ‰ größte Steigung auf.

Letzten Endes gehören auch die Zahnrad-Bergbahnen zu den Kleinbahnen, wenn wir sie auch nicht mit in unseren Gedenkband aufgenommen haben. Irgendwo mußten wir jedoch eine Grenze ziehen, und zwischen den Bergigen und den reinen Bergbahnen liegt ein deutlicher Unterschied. Begeben wir uns also nunmehr in hügelige Gefilde. Der Zug der Kleinbahn Mosbach—Mudau, die vom Neckarstädtchen Mosbach aus in die Ausläufer des Odenwaldes hinaufsteigt und jahrelang, als die Bahn noch mit Dampf betrieben wurde, eine kleine Sehenswürdigkeit darstellte, soll im Bilde links (Foto Speck) den Auftakt bilden.

Was liegt näher, als den Reigen der Bergigen auch mitten im Gebirge beginnen zu lassen? Im Bild Seite 46 oben umfängt uns gleich das muntere Getriebe der Murtalbahn in Österreich im Bahnhof Murau-Stolzalpe der Strecke Unzmarkt—Mauterndorf. Die Bahn gehört der Steiermärkischen Landesbahn, ihre Spurweite beträgt 760 mm. Soeben wird Lokomotivwechsel durchgeführt und wir sehen die Lokomotiven U 43 und U 40 nebeneinander stehen (Foto Griebl). Die Murtalbahn gehört mit zu den landschaftlich schönsten Schmalspurbahnen und besonders für den Fotografen bietet sie viele romantische Winkel und Ecken, wie beispielsweise im Foto darunter, wo der Zug mit Lokomotive U 40 soeben über die Brücke bei Ramingstein im reizvollen Thomatal fährt (Foto Griebl). Eine Gleiskrümmung auf einer Brücke? Das gibt es in dieser Form nur bei der Bimmelbahn.

Ein Abstecher zum Grödner-Schnaggele auf Seite 47 erinnert uns an die einstigen Glanzzeiten dieser das Grödnertal erschließenden Bahnlinie. Der Andrang der Fahrgäste läßt noch nicht darauf schließen, daß sie im Winter 1959/60 stillgelegt worden ist (Foto Navé). Um den Reigen der Alpenländer zu beschließen, gleich noch ein Abstecher in die Schweiz. Im Bild unten rüstet sich der Frühzug der Regionalbahn Saignelégier—La Chaux de Fonds im Bahnhof Le Noirmont zur Abfahrt, und es sind sogar zwei Lokomotiven davorgespannt, um fahrplanmäßig ans Ziel zu gelangen (Foto Schneeberger).

Die beiden Bilder auf der rechten Seite sollen der schon am Eingang dieses Kapitels erwähnten Brohltalbahn vorbehalten bleiben. Während im Bild rechts oben die große Mallet-Lok der Bahn stimmungsvoll auf der Brohler Rampe vor dem Zug daherdampft, weist das untenstehene Bild nach, daß die meterspurige Bahn über kräftige Lokomotivkonstruktionen verfügt, die wohl in der Lage sind, dem beträchtlichen Verkehrsaufkommen aus dem industriellen Güterverkehr zu genügen (beide Fotos Spielmann).

99 5902

Eine besonders bei Ferienreisenden recht bekannt gewordene meterspurige Kleinbahn ist die Wiesentalbahn Zell—Todtnau im südlichen Schwarzwald. Auf Seite 50 haben wir an der Ankunft des Zuges im Bahnhof Todtnau teilgenommen (Foto Artzer). Der Qualm, den die Lokomotive ausstößt, läßt uns eine recht unangenehme Begleiterscheinung des Dampfbetriebes erkennen, die sich besonders in Gebirgstälern störend bemerkbar gemacht hat: Die Verräucherung gerade in Orten, die für Kurzwecke mit gesunden Luftverhältnissen Reklame machen. Auf Seite 51 oben ein Abstecher zur meterspurigen Harzquerbahn Gernrode—Alexisbad der Nordhausen-Wernigeröder Eisenbahn (Foto Hirth). Die Bahn wurde mit Lokomotiven der Bauart Mallet betrieben, genau wie die im Bild darunter gezeigte Lok der Brockenbahn (Foto Dr. Feißel).

Harzquer- und Brockenbahn — das waren ansehnliche Linien, die auch im Sommer genau wie im Winter einen lebhaften Ausflugsverkehr aufwiesen. Die Schmalspurbahnen klettern aber nicht nur über die Berge, wenn auch der große Viadukt der Strecke Mosbach—Mudau im Bild links (Foto Wollenschläger) den Eindruck hervorrufen könnte, sondern benutzen vielfach die Gebirgstäler, deren Lauf sie folgen, um die dort ansässige Bevölkerung an eine Hauptbahn anzuschließen. Diesen Zweck hat auch das Trusetalbähnchen im südlichen Thüringer Wald bis zu seiner Stillegung 1967 erfüllt. Im Bild oben (Foto Illner) sehen wir es mit seinen drei Wagen eben angeschnauft kommen. Es liegt Schnee, die Reise dürfte nicht sehr angenehm sein. Das Gleis führt neben der Straße entlang, 750 mm Spurweite nehmen nicht viel Platz weg.

Die landschaftliche Kulisse des Städtchens Waidhofen an der Ybbs in Österreich, die unserem Bähnchen oben dient, wird wohl mit zum Schönsten gehören, was man bei einer Eisenbahn erwarten kann. Sie macht gleichzeitig deutlich, wie harmonisch sich die Bahnstrecke allenthalben heute in die Landschaft einfügt, während sie meist zur Zeit der Erbauung als Verschandelung empfunden worden ist. Die Bahn gehört zur Gruppe der Strecken mit 760 mm Spur, wie sie in Österreich recht verbreitet ist. Nicht nur die relativ moderne C 1-Lokomotive erweckt unsere Aufmerksamkeit, sondern genauso die niedlichen Wagen des Zuges (Foto Griebl).

Im Bild rechts oben ein Blick auf die „Stimme" unserer kleinen Lokomotive, die sie eben durch einen gellenden Pfiff ertönen läßt. Er stammt von der österreichischen Lok 298.24 und wurde von Dr. Kristl im Bahnhof Klaus der Nachwelt im Bild festgehalten. Das Bild rechts unten schließlich zeigt uns eine recht seltene Lokbauart, nämlich eine Stütztenderlokomotive der Mariazeller Bahn, wie sie dort als Ursprungstype noch bis 1962 in Betrieb stand. Als Zweizylinder-Verbund-Maschine nimmt sie sich ein wenig sonderbar aus und zeigt, daß auch unsere Bimmelbahnen ihre technischen Eigenheiten aufweisen (Foto Griebl).

13.12.57

Die Straßenbahnähnlichen

Wie groß ist doch der Spielraum, innerhalb dessen sich bewegt, was wir mit dem Begriff der Bimmelbahn charakterisiert haben! Die vielen hundert Kleinbahnen, die es in Deutschland und darüber hinaus in unseren Nachbarländern gegeben hat, reichen von der Größenordnung beispielsweise der Köln-Bonner Eisenbahnen, die bereits in den Rang der Voll- oder Hauptbahnen vorgestoßen sind, bis zur kleinsten Dampfstraßenbahn, die noch nicht so recht wußte, sollte sie nun eine Eisen- oder eine Straßenbahn werden. Wir erinnern uns, daß in manchen Städten die Pferdebahn offiziell durch eine „Straßeneisenbahn“ ersetzt wurde, die sich dann je nach der Gunst der Umstände in eine elektrische Straßenbahn oder in eine Dampf-Überlandkleinbahn verwandelte. Von dieser letzteren Gruppe soll hier die Rede sein.

Fast jeder Eisenbahnfreund hat sie schon einmal gesehen, die Straßenbahnähnlichen. Die Älteren werden sich beispielsweise gern daran erinnern, als die Oberrheinische Eisenbahngesellschaft noch mit Dampf durch Heidelberg fuhr. Oder an den „Feurigen Elias“, die Vorgebirgsbahn, die pustend und bimmelnd mitten über den Marktplatz von Brühl dampfte. Viele Städte besaßen eine derartige Dampfbahn, und sie sind eigentlich vollständig in Vergessenheit geraten.

Von der Dampf-Straßenbahn zur elektrischen Überlandbahn war es nur ein kleiner Schritt. Manche Kleinbahn hat ihn von sich aus getan und den Fahrdraht über ihre Gleise gespannt. Andere gaben frühzeitig den Betrieb mit Dampflokomotiven auf, besonders dort, wo das Verkehrsaufkommen sowieso gering war. Dann trat der Motortriebwagen in Aktion und dokumentierte auch äußerlich ein neues Stadium. Wir haben jedoch in unseren Blättern bewußt auf die Darstellung dieser Seite unserer Bimmelbahn verzichtet, wo wäre dort Anfang und wo Ende gewesen? Heute ist bei allen Bahnen der elektrische oder der Dieselbetrieb an die Stelle der Dampflokomotive getreten. Damit sind diese Bahnen nun keinesfalls straßenbahnähnlich geworden; wir hielten es nur für richtig, an dieser Stelle auf diesen Wandel hinzuweisen, der ein neues, ein besonderes Kapitel Bimmelbahngeschichte eingeleitet hat.

Im Bild links (Foto Rotthowe) treffen wir die Kreis Altenaer Eisenbahn, die sich uns bereits auf Seite 38 vorgestellt hat. Weil derartige Lokomotiven vielfach die Straßen der durchfahrenen Ortschaften benutzten, waren sie manchmal mit einer schützenden Umkleidung versehen. Sie ist charakteristisch für unsere Lokomotiven, die als Gattung Trambahnlokomotiven sogar ein fest umrissenes Kapitel Lokomotivgeschichte darstellen. Ausgangspunkt war die Vorschrift des Gesetzgebers, daß Räder und Triebwerk gesichert sein mußten, um Unfälle unter den Straßenpassanten zu verhüten. Noch heute sind ja unsere Straßenbahnen mit ähnlichen Schutzvorrichtungen versehen. Übrigens stand bei der Trambahnlokomotive der Lokführer meist an der Seite, einfach, weil hinten für ein Führerhaus kein Platz war, denn die Lokomotiven waren ganz kurz.

Hier stellen sich einige solcher idyllischer Maschinchen aus der Familie der Trambahnlokomotiven vor. Der Betrachter wird in der Lage sein, ohne weiteres die typischen Merkmale dieser Spezies zu erkennen. Es ist im Bilde oben die Lokomotive Nr. 3 der Plettenberger Kleinbahn auf Meterspur, heute längst außer Betrieb, damals, im Jahre 1961, noch fleißig unter Dampf (Foto Rotthowe). Dieser kleinen zweifach gekuppelten Maschine folgen auf der nächsten Seite zwei recht ähnliche, nicht minder würdige Vertreter dieser Familie. Rechts oben steht ein Zug der Chiemseebahn Prien—Stock mit seiner meterspurigen Trambahnlokomotive und den lustigen Wägelchen abfahrbereit (Foto Widmann). Die Chiemseebahn ist unter den Feriengästen eine beliebte Einrichtung.

Walhallastrasse-Lok.

Im Bild auf Seite 59 unten unternahmen wir wieder einen Sprung in die Vergangenheit. Es mag um 1930 gewesen sein — die Hosen der beiden Buben im Vordergrund wußten noch nichts von der Mini-Mode — als unserem Fotografen (Sammlung Griebl) die Lokomotive Nr. 2 der Lokalbahn AG im Bahnhof Regensburg-Walhallastraße vor die Linse kam und als typische Trambahnlok verewigt wurde. Mit meterspurigen Trambahnlokomotiven nahm auch die heute noch so renommierte und zur Hauptbahn aufgerückte Köln-Bonner Eisenbahn ihren Betrieb auf. Das Bild unten ist sogar ein denkwürdiges Foto, zeigt es doch den letzten Fahrtag des Schmalspurbetriebes auf der Vorgebirgsbahn an Peter und Paul des Jahres 1929. Wir befinden uns an der Bonner Endstation der Bahn, am Friedrichsplatz. Die Bevölkerung nimmt lebhaft Anteil an diesem Ereignis und zeigt uns, daß man auch damals schon den Abschied von der Dampflok kannte. Es ist übrigens die Lokomotive 21, dahinter ein Wagen der Serie 1—11 und 2 Wagen 22—44 (Foto KBE). Danach wurde der normalspurige elektrische Betrieb aufgenommen, von dem wir der Vollständigkeit halber einen markanten Triebwagenzug zeigen, wie er lange auf der Vorgebirgsbahn lief, nachdem die Rheinuferstrecke jeweils die modernen Fahrzeuge erhielt. Aufnahme im Bahnhof Bornheim (Foto Archiv).

Mit einer ähnlich typischen Vertreterin der Bauart sei dieses Kapitel abgeschlossen. Auf Seite 61 unten die Lok 46 der Mittelbadischen Eisenbahn-Gesellschaft, aufgenommen in Schwarzach (Foto Griebl). Die meterspurige Lokomotive ist von der Straßenbahn Straßburg übernommen worden. Im Bild oben ein Zug der Oberrheinischen Eisenbahn-Gesellschaft, Meterspur, aufgenommen in Mannheim vor der Abfahrt nach Heidelberg. Die OEG betreibt ein großes Netz von elektrischen Überlandbahnen. Rechts oben wird der Gepäckwagen an der Haltestelle Heidelberg/Bismarckplatz beladen (beide Fotos Speck). Schließlich soll uns das Bild rechts unten noch an eine vollspurige elektrische Bahn erinnern. Der abgebildete Triebwagen (Foto Griebl) kam von Berchtesgaden—Königssee über die DR zur Kleinbahn Bürmoos—Trimmelkam.

Gepäck
OEG
OEG 261

Praktische Neuerung für Sekundärbahnen.

(Die Schranken sind nicht mehr längs der Schienen, sondern quer über die Schienen gezogen.)

Die Vizinalen

Nun aber ade schmale Spur! Jetzt sollen die Großen zu ihrem Recht kommen, die großen Bimmelbahnen natürlich! Unser Spaziergang durch das Reich dieser Bahnstrecken wird allerdings zeigen, daß auch „groß" ein relativer Begriff ist, und daß es durchaus darauf ankommt, von welchem Standpunkt aus man ein solches Urteil fällt.

Sie ist fast unübersehbar, die Zahl der normalspurigen Bimmelbahnen und -bähnchen. Lassen wir einer besonders liebenswerten Gruppe unter ihnen den Vortritt und stellen wir auf diese Weise eine Parallele zum „Bimmelbahnel" her, mit dem sich die schmalspurigen Bahnen einführten. Wir meinen die Vizinalen oder — wem dieser altmodische Ausdruck zu ungebräuchlich sein sollte — die Sekundairbahnen, auch Lokalbahnen genannt. Nun ist letzten Endes alles, was nicht Hauptbahn ist, zwangsläufig Nebenbahn oder eben Lokal- und Sekundairbahn. Wir meinen auch nicht diesen Gegensatz, sondern jene Bahnen, wie sie in Süddeutschland, speziell in Bayern, zum Begriff geworden sind. Gerade dort spielte die „Seku" immer eine Rolle, liebevoll wurde aus dieser Abkürzung sogar in einem Falle die „Seekuh", Spitzname für das Bähnchen Erlangen—Eschenau.

Selbst wenn wir die Geschichte bemühen, so ergibt sich noch keine klare Definition, was der Unterschied zwischen den einzelnen Bezeichnungen ist. „Lokalbahn" dürfte die älteste Firmierung sein, sie taucht erstmalig in einem französischen Gesetz aus dem Jahre 1865 auf und bezeichnet eine Bahn, deren Wirtschaftsgebiet lokal abgegrenzt ist. Die in Deutschland Ende des vorigen Jahrhunderts entstandenen Stich- und Anschlußbahnen benutzten diesen Ausdruck. Er bürgerte sich besonders in Süddeutschland ein, während der Gesetzgeber in Preußen ja späterhin den Begriff der Kleinbahn schuf.

Nun, sei es wie es sei, Bimmelbahnen sind alle, ob Lokal-, Sekundair- oder — es klingt so schön altertümlich und romantisch — Vizinalbahnen. Die bayerischen Vizinalen wurden meist vom Staat betrieben, es gab nur wenige größere private Gesellschaften von Bedeutung, etwa die Lokalbahn AG in München oder die Augsburger Lokalbahn. Eine Reihe tüchtiger Lokalbahnlokomotiven entstand, vorwiegend mit der Achsfolge C 1, angefangen von der Gattung D VIII bis zur D XI, und der Achsfolge D einschließlich deren Abwandlungen in 1 D und D 1 (GtL 4/4 und 4/5). Das ist ein interessantes und schönes Gebiet der Eisenbahngeschichte, und der Leser wird uns beipflichten, daß es sich lohnt, den Vizinalen ein eigenes Kapitel zu widmen. Zwei private Strecken sollen den Anfang machen. Auf der folgenden Seite 66 finden wir im Bild oben den Zug der Regentalbahn aus dem Bayerischen Wald, wie er einsam am Ufer des Schwarzen Regen seine Strecke entlangrollt (Foto Kobschätzky). Darunter ein Bild von der Münchener Lokalbahn, in München-Isartalbahnhof aufgenommen (Foto Griebl).

Im Bild auf der Vorseite oben hat der Fotograf (Sammlung Dr. Scheingraber) eine geradezu klassische Lokalbahnzug-Komposition aufgenommen. So und nicht anders hat die Vizinalbahn Ende der zwanziger Jahre ausgesehen und alles, was wir in der Einleitung zu diesem Buch über den Betrieb auf der Kleinbahn gesagt haben, kann in Beziehung zu solch einem Zügle gesetzt werden.
Im Bild darunter dampft die Elsawatal-Bahn am Dörfchen Hobbach vorbei (Foto Bellingrodt), und das Bild auf der nebenstehenden Seite oben mit der gleichen Lokomotive bildete das Allgäuer Gegenstück dazu. Hier die Kleinbahn Röthenbach—Weiler, bei Auers aufgenommen (Foto Bellingrodt). Die Lokomotive gehört der bayerischen Gattung D XI an. Bayern hat daneben für seine Vizinalbahnen eine Reihe besonders einfacher Lokomotiven entwickelt, die mit Recht berühmten „Glaskästen", wie sie scherzhafterweise hießen. Die beiden Fotos unten und rechts zeigen zwei Vertreter dieser an die Trambahnlokomotive erinnernden Typen, die für Einmannbedienung und teilweise selbsttätige Kohlenbeschickung eingerichtet waren. Das Foto unten stammt von Dr. Scheingraber, das rechts daneben von Schneeberger, zwei liebe Erinnerungen an liebenswerte Lokomotiven.

98 310
98 310

Ja, sie war schön, die Vizinalbahn in Bayern. Das hängt wohl auch mit der schönen Landschaft zusammen. Gehört zu ihr nicht auch der „Zwiebelturm"? Merkwürdig, wie sehr unsere Vorstellung Relationen sieht, wo von Haus aus gar keine sind. Links im Bild der Personenzug der Lokalbahn Sonthofen—Oberstdorf, der zur Zeit der Aufnahme noch der LAG gehörte (1933, Foto Heimhuber), zwischen Sonthofen und Altstätten. Die Lokalbahn AG wurde 1938 verstaatlicht, ihre Lokomotiven waren meist nach Staatsbahnnormalien gebaut. Oben schließlich die klassische bayerische Lokalbahnlokomotive, eine L 3/4, im Bahnhof Thurnau 1932 aufgenommen (Foto Köditz). Den Lokomotivgeschichtler wird hierbei interessieren, daß man in Bayern die hintere Laufachse unter dem Führerhaus der 1 C-Achsfolge vorzog, wie sie sich hingegen in Norddeutschland in jenen Jahren großer Beliebtheit erfreute. Nicht zuletzt dieses Achsbild macht die bayerischen Lokalbahnmaschinen so „bayerisch".

98 1026

In vollem Lauf kommt sie angedampft, die Vizinalbahn Röthenbach—Scheidegg (Allgäu), geführt von der mit einer hinteren Laufachse versehenen Lokomotive der bayerischen Gattung GtL 4/5 (Foto Tausche). Wer verspürte nicht Lust, ein paar Stationen mit unserem Expreßzug mitzufahren? Schön wär's, aber der Dampfbetrieb ist auf all diesen Lokalbahnstrecken eingestellt, soweit sie überhaupt noch befahren werden.

Das ist sie also, die „Seekuh", wie sie weit und breit von den Anwohnern genannt wurde. Von den Kindern geliebt, von den Hausfrauen der Dörfer, durch die sie fuhr, wegen ihres Qualms verachtet, von den Autofahrern beschimpft, denen sie „in die Quere" kam, und vom bäuerlichen Federvieh gefürchtet — das war unsere „Seekuh". Der Leser möge verzeihen, daß wir statt des so prosaischen „Seku" jene mehr deftige Bezeichnung vorgezogen haben. Im Bild links oben ihre Lokomotive auf der Drehscheibe des Bw Schweinfurt während der letzten Betriebstage (Foto Stemmler), links darunter der Zug bei der Fahrt durch Erlangen-Zollhaus (Foto Müller). Unten schließlich ein Bild aus Uttenreuth vom letzten Betriebstag (Foto Stümpel-Klein) mit einem einträchtigen Durcheinander von Mensch und Maschinen.

141

Die Nebenbahnähnlichen

Wenn sich der Schreiber dieser Zeilen vor 30 oder 35 Jahren ein Vergnügen besonderer Art gönnen wollte, dann schwang er sich des Nachmittags auf sein Fahrrad, strampelte an die fünfzehn Kilometer in das Land hinein, um beim kleinen Dörfchen Beidersee haltzumachen. Dort lief nämlich ein Schienenstrang quer über die Chaussee, und kurz zuvor stand ein Schild mit der drohenden Aufschrift: „Halt, wenn das Läutewerk der Lokomotive ertönt oder anderweitig erkennbar wird, daß ein Zug sich nähert!"

In Erwartung großer Ereignisse bezog er dort seinen Beobachtungsposten, und die besagten Ereignisse ließen dann auch nicht lange auf sich warten. Vom dort oben auf der Höhe des Hügels befindlichen kleinen Bahnhof konnte man weit in das Tal schauen. Das Gleis verlief in sanftem Gefälle bergab mit dem Zweck, das einige Kilometer entfernt am Flußufer liegende kleine Städtchen mit der großen Welt zu verbinden.

Damals gab es keinen Flugzeuglärm, wenige Autos brummten die Straße entlang, es herrschte Stille, man konnte weit in das Land hinein lauschen. Alsbald zog in der hügeligen Ferne eine braun-schwarze Qualmwolke zum Himmel hinauf. Rhythmisches Schnaufgeräusch, bedächtig und nicht überhastet, kündete spannendes Geschehen an. Dann wurde die Qualmwolke kräftiger, eine hohe schwarze Esse schob sich allmählich hinter dem letzten Hügel hervor, ein dicker Dampfdom folgte, dann das eckige Führerhaus mit den hinterher trottenden Wagen. Bedächtig kraxelt das Züglein mit seinen 3 oder 4 Wagen den Berg herauf. Die Lokomotive ächzte und stöhnte: Ich schaff' es noch — ich schaff' es noch, wobei diese Behauptung durchaus prahlerisch klang. Näher und näher pustete die Fuhre, das Lokomotivchen humpelte am Standplatz des Beobachters vorbei, die beiden gegeneinander mahlenden Kulissen der Stephenson-Steuerung erregten jedesmal seine helle Freude. Die Wagen tuckerten bumsend hinter dem Zugtier her, mit einem langen schweren Seufzer kam der Zug schließlich am Bahnhofsgebäude zum Halten. Die Lokomotive ließ erschöpft dem braunen Qualm aus der hohen Esse freien Lauf, der den Zaungast bei ungünstigem Wind mitunter zum Rückzug zwang.

Ja, der Leser wird es ohne Mühe erraten haben — das war sie, die Nebenbahnähnliche. An der Spitze des Zuges eine Lokomotive der T 3-Regeltype der ehemalig Preußischen Staatsbahn, aber jetzt unter privater Flagge. Hinter der Lok stand der bekannte Halb-Pack- und Halb-Fahrgastwagen, dann folgte ein altmodischer Personenwagen mit hohen Oberlichtern, 4. Güte natürlich, und schließlich noch ein, zwei oder drei Güterwagen. Wer kennt ihn nicht, diesen klassischen Kleinbahnzug? Zu Hunderten rumpelten sie zu jener Zeit täglich über die Kleinbahnstrecken. Nur wenige Jahre ist es her, da gab es ihn noch, da konnte man ihn in Wald- und Feldeinsamkeit antreffen. Heute ist alles vorbei, er ist Geschichte geworden und wird niemals wieder auferstehen.

Es ist das Verdienst der Kartographen des Preußischen Generalstabes, den im Kleinbahngesetz von 1892 etwas verschwommenen Begriff der „Nebenbahnähnlichen Kleinbahnen“ präzisiert zu haben.
Sie haben sogar ein eigenes Kartenmerkmal erhalten, die Nebenbahnähnlichen. Der Kartograph hat sie auf Normalspur beschränkt, wir wollen diese Deutung beibehalten. Und die Lokomotiven dieser so weit verbreiteten Gruppe der Bimmelbahnen? Nun, selbst dem mit Eisenbahndingen wenig vertrauten Freund ist sicher die T 3 ein Begriff, kenntlich an dem hohen Schornstein, an welchem mitunter sogar die „Bimmel“ befestigt war, am eckigen Führerhaus, den seitlichen Kohle- und Wasserbehältern und natürlich der Stephenson-Steuerung mit den beiden charakteristischen Kulissen. Auf unserem Bild oben kommt die Marburger Kreisbahn mit ihrer T 3-Lokomotive Nr. 1 bei Wittelsbach angedampft und bringt die täglichen Güterwagen auf die Dörfer hinaus (Foto Brüning). Die Bezeichnung T 3 stammt aus dem Bezeichnungsschema der Preußischen Staatsbahn. Sie ist als Normal-Rangier- und Nebenbahnlokomotive im Jahre 1883 erstmals entstanden und hat sich solchermaßen gut bewährt, daß viele Privatbahnen diese Type bestellt haben, die sich besonders langer Lebensdauer erfreute.

Das ist das Besondere an der T 3: Sie verkörpert irgendwie eine alte, eine vergangene Zeit, sie will so ganz und gar nicht mehr in unsere Tage passen. Wo gibt es Lokomotiven mit solch hohem Schornstein? So ist auch das obige Bild für uns eine kleine Besonderheit, denn dort begegnen sich zwei Welten, und wenn wir wollen, können wir hier sogar eine Begegnung mit der Zeit vor der Erfindung der Eisenbahn herauslesen. Die Lokomotive hat einst das Pferdegespann verdrängt, so wie das Auto heute die Lokomotive überflüssig gemacht hat. Nun, die Begegnung oben ist wohl nicht mit so tiefgründiger Absicht vom Fotografen aufgenommen worden, aber man erblickt auch nicht alle Tage eine T 3 — hier eine Maschine der Eisern-Siegener Eisenbahn — Seite an Seite mit einem nunmehr auch bereits historischen Pferdegespann (Foto Moll).

Neben der T 3 werden wir auf den nachfolgenden Seiten aber noch anderen typischen Lokomotiven begegnen. Viele Bahnen haben vergleichbare Entwicklungsstadien durchgemacht, die sich in der Lokomotivbeschaffung ausdrücken. Bei Gründung wurden meist zwei- oder dreiachsige einfache Lokomotiven beschafft. Mit Zunahme des Verkehrs reichten diese oft nicht mehr aus. Wegen der starken Krümmungen auf Kleinbahnen griff man zunächst zur Mallet-Bauart.

98 6208

30

Dieser besonders von den Lokomotivfabriken Vulcan und Jung gepflegten Gelenklokomotiv-Bauart folgten dann in den zwanziger Jahren die Lokomotiven der ELNA-Reihe. Zunächst aber noch einige Bilder aus der „Steinzeit“ unserer Kleinbahnen. Links oben die zweifach gekuppelte Lokomotive der Delitzscher Kreisbahn (Foto Illner), die das Schicksal nach Verstaatlichung in den Leipziger Hauptbahnhof verschlagen hat. Im Bild darunter ihre größere Schwester, eine Normal-T 3 aus dem Jahre 1904, die Betriebsnummer 30 der Süddeutschen Eisenbahn-Gesellschaft, im Betrieb auf der Strecke Haltingen—Kandern (Foto Baier). Oben schließlich ein weiterer Veteran, wiederum eine preußische Normal-Lokomotive, diesmal die größere T 7, 1896 von der Hanomag gebaut und bei der Albtal-Verkehrsgesellschaft in Lohn und Brot (Foto Dr. Hotz). Die T 7 war zwar keine spezielle Kleinbahn-Lok, manche Privatbahn konnte sie aber von der Reichsbahn billig erstehen.

89 7296

Widmen wir noch zwei weitere Fotos unserer braven T 3-Lokomotive, von denen es übrigens über 1500 Stück gegeben hat. Im Bild links stellt sie sich uns von vorn in Positur, diesmal unter Reichsbahn-Nummer (Foto Moll). Denn diese Maschinen liefen neben den Privatbahnen weiterhin bei der Deutschen Reichsbahn und späteren Deutschen Bundesbahn, bei welcher sie heute jedoch ganz verschwunden sind. Die mitteldeutsche Reichsbahn hat durch die Verstaatlichung der Privatbahnen 1949 wieder eine Anzahl Maschinen hinzubekommen. Mit einigen dieser Lokomotiven wurde ein interessanter Versuch unternommen. Für die teilweise langen Nebenbahnstrecken des Ostens hat es immer an einer einfachen, billigen Schlepptenderlokomotive gefehlt. Die Baureihe 24 der DR — für diesen Zweck gedacht — war schon zu aufwendig. Die mitteldeutsche DR hat daher einige T 3-Lokomotiven mit dem Tender von ausgemusterten G 7-Lokomotiven gekuppelt. Dadurch ist eine ungewohnt anmutende Variante einer alten Type entstanden. Unser Bild unten zeigt eine ehemalige Lok der Oderbruchbahn (Foto Gebert) in neuer Gestalt. Allerdings stimmt die Betriebsnummer nun nicht mehr. Als Schlepptenderlokomotive hätte sie in die Nummernreihe 53 gehört. Die Maschinen sind auf der langen Nebenbahn Frankfurt/O—Wriezen—Angermünde eingesetzt.

Nach dieser eingehenden Würdigung der verdienten T 3 ein Blick, was sonst noch auf unseren normalspurigen Nebenbahnähnlichen dampfte. Da finden wir oben — um auch das benachbarte Österreich nicht zu vergessen — die alte Wiener Stadtbahnlokomotive der Reihe 30 noch frisch und munter vor einer schönen alten Nebenbahngarnitur auf der Sulmtalbahn, aufgenommen bei Muggenau (Foto Griebl). Die Bahn gehört der Graz-Köflacher Eisenbahn, die bekannt ist für erstklassige Pflege auch alt überkommener Lokomotiven. — Rechts oben ein Bild, das uns an die Mallet-Zeit der Nebenbahnähnlichen erinnern soll. Die abgebildete Lok — jetzt im Bw Pirna zu Hause — stammt von der Weimar-Berka-Blankenhainer Eisenbahn (Foto Crantz) und erweist sich als typische Vertreterin einer Bauart, wie sie zu Anfang dieses Jahrhunderts recht geschätzt wurde. Rechts unten schließlich die alte preußische T 9^1 im Nebenbahndienst als Lok 42 der Kleinbahn Frankfurt—Königstein, in Frankfurt-Höchst aufgenommen (Foto Claus). Diese bei der Preußischen Staatsbahn in den dreißiger Jahren ausgeschiedene Loktype ist auf mancher Privatbahn noch zu späten Ehren gelangt. Jene alten preußischen Lokomotiven der Gattungen T 3, T 7 und T 9 zeichneten sich durchweg durch Einfachheit und anspruchslose Wartung aus.

98 6151
98 6151

SIEGENER
KREISBAHN G.M.B.H.
12

2
4
NICHTRAUCHER

Über den Lokomotiven sollten wir die Behältnisse nicht vergessen, in deren Innern unsere Bimmelbahnen ihre wertvolle menschliche Fracht transportiert haben. Manchmal waren es wirklich nur bescheidene Behälter, bei denen die Armut aus dem Fenster schaute. Eine kleine Heerschau soll uns einen Überblick geben, worin man früher auf der Bimmelbahn reiste. Links oben ein Mini-Wagen der Eisern-Siegener Eisenbahn (Foto Kölsch), geradezu allerliebst in seinen Abmessungen. Die Ruhr-Sieg-Eisenbahn hat sich aus einem Güterwagen einen Packwagen im Eigenbau gezimmert — Bild darunter (Foto Gerke). Schließlich links unten ein Wagen der Lokalbahn AG halb 2., halb 4. Klasse (Foto Sammlung Griebl). Diese drei Vehikel sollen oben das Bild eines ganzen Kleinbahnzuges ergänzen, wie wir es typisch für unsere Nebenbahnähnliche halten. Es ist ein Zug der Röhrtalbahn Neheim-Hüsten—Sundern, bei welchem an der Vollständigkeit nur noch eine ELNA-Lok fehlt (Foto Kölsch).

Zu den größten Lokomotiven, die auf den privaten normalspurigen Kleinbahnen liefen, gehören die Maschinen der ELNA-Reihe, hier eine Lok vom vierachsigen Typ ELNA 6 der früheren Niederlausitzer Eisenbahn, die bis Kriegsschluß der Ohlauer Kreisbahn gehörte und als Flüchtling in die Lausitz verschlagen wurde. Unser Bild (Foto Illner) zeigt sie in voller Größe auf der Drehscheibe des Bw Görlitz, ihrer nunmehrigen neuen Heimat.

Auf der Vorseite ist bereits das Stichwort gefallen: ELNA-Lokomotiven. Gegen Ende des Ersten Weltkrieges trugen sich die Lokomotivbauanstalten mit Plänen, der Vielfalt der privaten Lokomotivbestellungen durch Typisierungsvorschläge zu begegnen. Treibender Keil war das Unternehmen Lenz & Co. Sein Direktor Semke erarbeitete mit der Hanomag und deren Direktor Metzeltin Pläne für 6 Einheitstypen der Achsfolge C, 1 C und D, die dann später vom *E*ngeren *L*okomotiv-*N*ormen-*A*usschuß ihre endgültige Form erhielten und nach diesem benannt wurden. Interessanterweise hat dann jedoch die Firma Krauss in München im Jahre 1922 die ersten ELNA-Lokomotiven gebaut. Es waren dies 4 Maschinen der Type 6 für die Halle-Hettstedter Eisenbahn.

Im Bild links unten erkennen wir die 1 C-ELNA 2-Type Nr. 140 der Reinheim-Reichelsheimer Eisenbahn, des bekannten „Reichelsheimer Lieschens“, aufgenommen im Bahnhof Reinheim (Foto Maedel). Unten ein Bild, das heute bereits historischen Wert besitzt und das mancher Leser nicht ohne Wehmut betrachten wird. Ein letzter Blick ist uns hier auf die Eulengebirgsbahn gestattet, aufgenommen bei Rathen-Albendorf im schlesischen Eulengebirge (Foto Grochtmann). Die T 7 an der Spitze ist nur undeutlich zu erkennen, dafür können wir aber die Zuggarnitur um so besser bewundern. Sie war eine echte Nebenbahnähnliche, die „Eule“, wie sie im Volksmund genannt wurde, und diese liebevolle Kurzbezeichnung macht bereits auf die Popularität aufmerksam, die das Bähnchen in seiner Heimat genoß.

Tenderlokomotiven wurden zum Zwecke gebaut, Drehscheiben zu ersparen, sie liefen meist vorwärts und rückwärts gleichmäßig gut. Deshalb genügt auf der Nebenbahn Kohren-Sahlis—Frohburg ein Griff zum Weichenhebel, die Lokomotive umzusetzen. Es handelt sich hierbei um eine neuere Kleinbahnlok, die von Jung im Jahre 1941 in Anlehnung an ELNA-Normen geliefert wurde und 1949 an die Reichsbahn kam (Foto Illner). — Auch die Nebenbahnlokomotiven mußten gewartet, gepflegt und repariert werden. Die folgenden Bilder sollen uns daher einen Einblick in den Lokomotivenalltag der Bimmelbahn geben. Wir verraten kein Geheimnis, daß trotz der niedrigen Löhne auf dem Lande die Kleinbahnlokomotiven an Pflege nichts zu wünschen übrig ließen.

146
BLE
142

Die Bilder auf Seite 93 sind im Bw Butzbach Ost der Butzbach-Licher Eisenbahn (Foto Baier) aufgenommen, vom gleichen Fotografen stammen auch die Bilder Seite 94 unten und Seite 95, wiederum bei der Butzbach-Licher Eisenbahn auf den Film gebannt. Die 146 hat ein reiches Wanderleben hinter sich: 1941 für die Kleinbahn Nauendorf—Gerlebogk gebaut, kam sie alsbald zur Kleinbahn Jauer—Maltsch, dann als Flüchtling nach Kiel, von wo aus sie zur Reinheim-Reichelsheimer Bahn ging (ELNA 2-Type). Auch die 1151 auf Seite 95 wurde durch die BLE von der Kiel-Segeberger Eisenbahn nach deren Stillegung übernommen. Auf Seite 94 oben schließlich noch ein Blick auf die Wien-Inzersdorfer Bahn, wo die Bekohlung der Lokomotive vermittels Körben interessant ist (Foto Griebl).

91 232
Gt

916485

ELNA 2, ELNA 6, wer soll sich da noch auskennen? So wird der nicht so beschlagene Leser bestürzt fragen. Aber er kann unbesorgt sein, es geht auch ohne derartige Fachkenntnisse. Auf Seite 96 oben ein Blick in das Bw Gammertingen der Hohenzollerischen Landesbahn (Foto Schulze). Links die Lok 141, eine von der Hohenzollern AG gebaute ELNA 2. Rechts schaut das Führerhaus der Lok 16 hervor. Die AEG hat sich nach dem 1. Weltkrieg nicht nur dem Lokomotivbau zugewandt, sie hat sich auch an der Lieferung von Kleinbahnlokomotiven beteiligt, wie die Fotos auf Seite 97 zeigen. Oben die Maschine 91 232, 1941 mit der Mecklenburgischen Friedrich-Wilhelms-Eisenbahn verstaatlicht (Foto Hesse). Darunter die ehemalige Lok 61 der Brandenburgischen Städtebahn (Foto Krischker).

Auf Seite 98 rattert der Zug der Nebenbahn Frohburg—Kohren-Sahlis, dessen Lokomotive wir bereits auf Seite 92 kennengelernt haben (Foto Illner), munter durch die anmutige Landschaft. Schließlich auf Seite 99 die ehemalige Lok 185 der Halle-Hettstedter Eisenbahn (Foto Hesse), zur Zeit der Aufnahme schon nicht mehr auf ihrer Stammbahn tätig. Nach der Verstaatlichung in Mitteldeutschland hat ein lebhafter Lokomotivenaustausch stattgefunden. Wir begegnen heute ELNA-Lokomotiven auf Rangierbahnhöfen beim Verschiebedienst, während auf den Gleisen ihrer früheren Eigentümer Lokomotiven der Einheitsbauart, etwa der Baureihe 86, in Betrieb stehen. Auf Seite 159 werden wir der Halle-Hettstedter Eisenbahn in ihrem heutigen Zustand begegnen.
Im Bild unten schließlich noch einmal ein Abstecher zur Butzbach-Licher Eisenbahn. Das Bild (Foto Baier) ist nicht alltäglich, es zeigt einen Militärzug, der von beiden 1 C-ELNA-Typen, der Type 5 Nr. 1151 und der Type 2 Nr. 146 geführt wird, aufgenommen bei Pohl-Göns. Der Betrachter mag sich selbst ausmalen, welch ein Geschnauf und Geschaff sich damals vor dem schweren, mit Panzerfahrzeugen beladenen Zug auf der Kleinbahn abgespielt haben muß.

Insofern sollten wir unsere Kleinbahnen nicht unterschätzen. Sie sind zu allen Zeiten vor Aufgaben gestellt worden, für die sie nicht gedacht waren und mit denen sie einfach fertig werden mußten. Ein Beispiel ist der vorerwähnte Transportzug amerikanischer Truppen über die Butzbach—Licher Strecke. Wenn auch schlecht und recht — es mußte einfach gehen.

Vor dem Zweiten Weltkrieg hat die Rüstungspolitik des Dritten Reiches den Kleinbahnen manch harte Nuß zu knacken aufgegeben, als plötzlich in weltabgeschiedenen Gebieten Rüstungsfabriken, Kasernen und Flugplätze gebaut wurden und sie sozusagen über Nacht vor ganz neue Transportaufgaben gestellt wurden. Es entstanden damals Pläne für eine Ergänzung der ELNA-Reihe, nachdem einzelne Bahnen schon auf eigene Faust schwerere und kräftigere Maschinen bestellt hatten. Eine solche Type finden wir im Bild unten, die Firma Krupp hat sie um 1936/37 an mehrere Bahnen geliefert. Unser Foto zeigt die Lok 225 der Braunschweig-Schöninger Eisenbahn vor dem Güterzug in Schöppenstedt (Foto Bode). Diese Maschine stand bereits bei der Braunschweigischen Landesbahn in Dienst, kam mit dieser an die DR und lief dort unter der Nummer 75 605 einige Jahre, bis sie von der Braunschweig-Schöninger Eisenbahn angekauft wurde.

Verweilen wir noch einen Augenblick bei der Braunschweig-Schöninger Eisenbahn und genießen wir ein wenig Kleinbahnstimmung oder — wenn Sie, lieber Leser, eine mehr poetische Ausdrucksweise lieben — Kleinbahnromantik. Die beiden Fotos auf diesen Seiten sind wohl dazu angetan, die Gedanken in die Ferne schweifen zu lassen und der großen Tage unserer Bimmelbahn zu gedenken. Im Bild unten dampft der Güterzug der Braunschweig-Schöninger Bahn bei hartem Winterwetter die Strecke entlang, geführt von Lok 182, einer ELNA 6 (Foto Bode). So haben wir ihn oft gesehen, unseren Kleinbahnzug, über Jahrzehnte hinweg. T 3, ELNA-Loks, sie waren uns Begriffe, die wir für unvergänglich hielten. Und nun stellen wir fest, daß alles schon vorbei ist. Kein einsamer Dampfzug wird mehr über die Gleise rollen, wie im Bilde rechts, ebenfalls Braunschweig—Schöningen (Foto Bode). — Wenden wir unsere Seite um, dann möge einmal ein Blick auf die Bahnstrecke selbst uns die meist idyllische Anlage der Kleinbahnen vergegenwärtigen. Das Foto Seite 104/105 zeigt einen Streckenabschnitt der Teutoburger-Wald-Eisenbahn zwischen Tecklenburg und Brochterbeck (Foto Rotthowe). Er sagt uns mehr als große Worte, wie Eisenbahn und Landschaft eine nicht mehr fortzudenkende Einheit geworden sind.

Verlassen wir nunmehr das Kapitel der ELNA-Lokomotivreihe und schauen wir uns unter unseren Bimmelbahnen um, was es ansonsten noch alles gegeben hat. Es ist der Fülle ohnehin genug, und der Gedanke, einmal alle Lokomotiv- und Wagentypen unserer Kleinbahnen in Wort und Bild zusammenzustellen, würde bei seiner Verwirklichung auf Lexikon-Format hinauslaufen. — Nach dem Ersten Weltkrieg gingen viele Kleinbahnen daran, ihren Fahrzeugpark zu modernisieren, und der Verkehrsaufschwung der „Goldenen Zwanziger" bestärkte derartige Pläne. Nicht immer griff man zur ELNA-Type. So lief bei der Kleinbahn Weidenau—Deuz im Bild links eine C 1-Maschine, die von der Firma Jung entwickelt worden war (Foto Kölsch). Unter der Betriebsnummer 10 sehen wir sie vor einem Zug am Bahnsteig. Links darunter wieder ein Abstecher nach Österreich und eine kurze Visite bei der Andritzer Schleppbahn. Es muß nicht der Personenverkehr sein, der eine Bahn ins Leben gerufen hat. Es gibt auch reine Güter-Strecken. Unser Bild zeigt den Güterzug Graz—Andritz mit Lok 98 703 (Foto Griebl). Oben schließlich der Abfahrtspfiff — optisch festgehalten bei Lok 31 der Württembergischen Eisenbahngesellschaft, hinter der sich die DR-Lok 92 004 verbirgt (Foto Dr. Scheingraber).

Richtig gesehen, auch unter den Nebenbahnähnlichen hat es „Giganten" gegeben, und so ziemlich zum Größten, was auf dem leichten Oberbau zu verkehren imstande war, gehören die Lokomotiven der Kassel-Naumburger Eisenbahn, der „Naumburger", wie sie der Volksmund vereinfacht nannte. Die Bahn beschloß in den zwanziger Jahren, sich ein für allemal ihre Lokomotivsorgen vom Halse zu schaffen und in Anbetracht des leichten Oberbaus ein Höchstmaß an Leistung herauszuholen. Es entstanden die 6 von Krauss gebauten vergrößerten ELNA 6-Lokomotiven mit 5 gekuppelten Achsen. Mit diesen Maschinen ist die Bahn bis in die Gegenwart hinein gut ausgekommen, wir sehen im Bild oben (Foto Rotthowe) die Lokomotive 204 aus dem Jahr 1926, während wir ihr im Bild rechts, vom gleichen Fotografen aufgenommen, bei angestrengter Arbeit auf freier Strecke begegnen. Das waren schon kräftige und auch recht wuchtige Maschinen. Nun, wenn der abendliche Arbeiterzug den Bahnhof Kassel-Wilhelmshöhe West verließ, an welchem die Bahnstrecke begann, dann hing da schon eine ansehnliche Zahl Wagen am Zughaken und unsere Super-ELNA hatte allen Grund, lautstark und jauchzend das Triumphlied der Kleinbahn in den abendlichen Himmel zu jubeln.

204

Der Hohenzollerischen Landesbahn waren wir bereits auf Seite 96 begegnet. Viel von sich reden gemacht hat bei ihr eine im Jahre 1941 von der Maschinenfabrik Esslingen gebaute 1 D 1-Lokomotive mit Ventilsteuerung, bei welcher manch neue Erkenntnisse erprobt wurden und die sich als besonders leistungsfähig erwies. Unser Bild (Foto Schulze) zeigt sie vor einem Sonderzug in Lichtenstein. Daß sich Privatbahnen oftmals an Normalien der Staatsbahnen anlehnen, erwähnten wir bereits. So hat die Niederbarnimer Eisenbahn C 1-Lokomotiven beschafft, die wie eine unbekannte preußische Type anmuten. Im Bild rechts oben (Foto Gebert) stellt sich uns der falsche Preuße vor, bei dem sogar die Betriebsnummer falsch ist, denn die Lok müßte eigentlich in die Baureihe 90 eingeordnet sein.

91 6590
91 6590

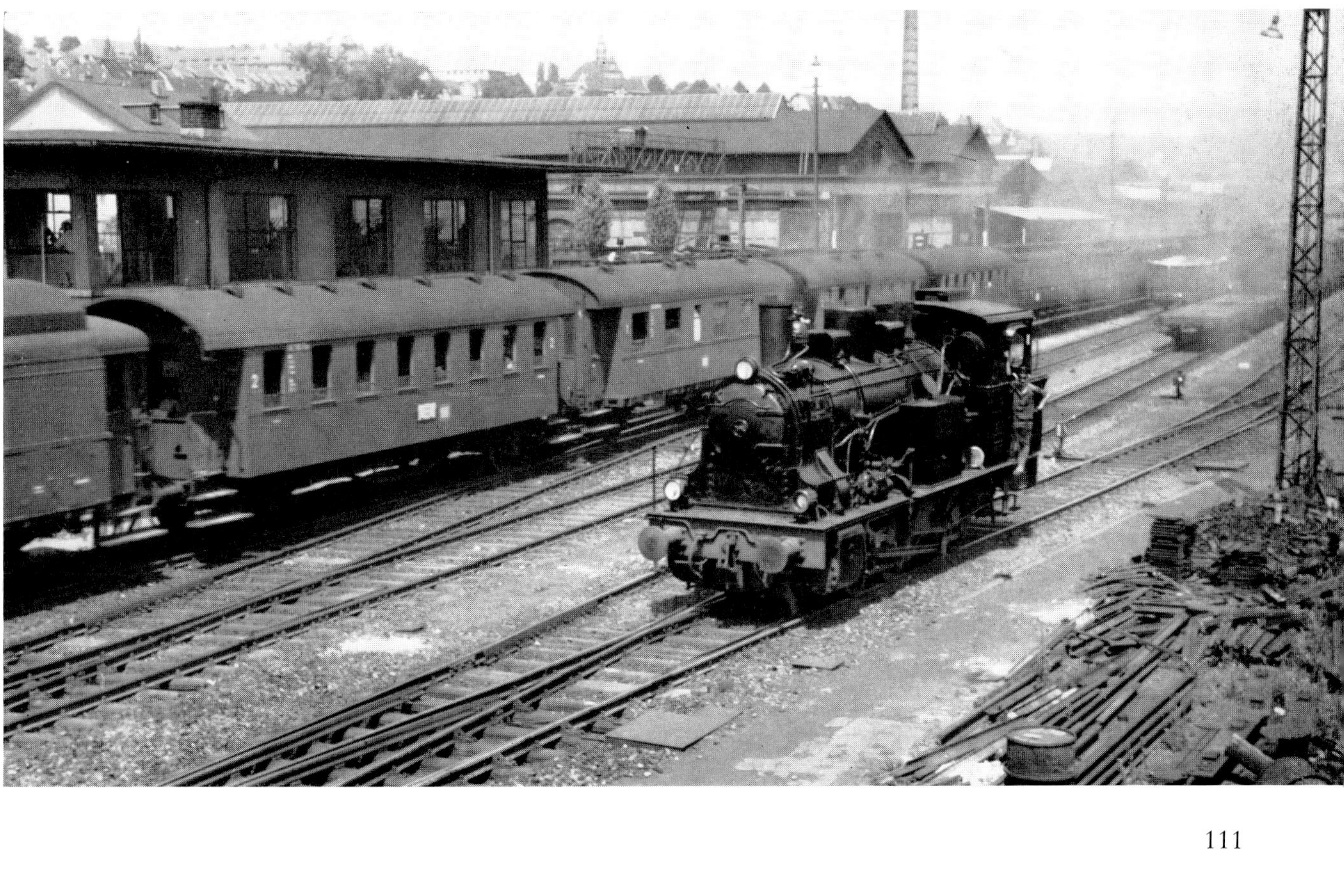

Nicht alltäglich ist der Blick, den uns das Bild auf der Vorseite unten vermittelt. Wir schauen vom Stellwerk des Bundesbahnhofs Siegen auf die einsame Lok Nr. 14 der Eisern-Siegener Eisenbahn, Achsfolge D, die hier eben den Anschluß an die Gleise der Bundesbahn besorgt und vielleicht den bereitgestellten Güterzug in Empfang nehmen will. Das sind immer interessante Studien, die man bei der Einfädelung der Kleinbahn in die Staatsbahn machen kann. Die „Große" sah meist von oben auf die „Kleine" herab, die sich anmaßte, „auch" Eisenbahn sein zu wollen. Durch eingehende Prüfung mußte die private Lok erst beweisen, daß sie überhaupt lokomotivähnlich war, ehe sie durch besonderes Dekret und Beschilderung „Auf Reichsbahn zugelassen" wurde. Auch dann durfte sich ihre Tätigkeit nur auf den Empfang des Übergabezuges beschränken. Man hielt da von beiden Seiten auf Distanz, und Bilder wie auf der Vorseite sind daher schon interessant. Es gab viele Lokomotiven, die auf der Staatsbahn nicht verkehren durften, denken wir einmal an die schöne ELNA 5 der Kahlgrund Verkehrs AG, ehemals Augsburger Lokalbahn, die mit ihrer Ventilsteuerung offenbar verdächtig war. Meist war die Bremseinrichtung, die nicht den DR-Normen entsprach, der Hinderungsgrund.

Der Ausflug zum Bahnhof Petershagen der Mindener Kreisbahn im Bild links oben (Foto Löttgers) soll uns noch einmal die Poesie der Nebenbahnähnlichen ins Gedächtnis rufen. Der architektonisch schöne Bahnhof liegt unter Bäumen versteckt und fordert geradezu heraus, an der Kleinbahn einmal seine Urlaubstage zu verbringen. Das schöne Bild mit dem rangierenden Güterzug läßt uns daran denken, daß die Mindener Kreisbahn ihr Netz nach dem Zweiten Weltkrieg in weiser Voraussicht auf Normalspur umgebaut hat (siehe auch unser Foto auf Seite 37 aus der Schmalspurzeit). Abschließen soll unsere Wanderung durch das Reich der privaten Kleinbahnen schließlich das Bild einer bayerischen Nebenbahnähnlichen. Wir wissen, daß dieser Begriff fast ausschließlich auf Preußen gemünzt war. Nun, die Beamten der Tegernseebahn werden uns hoffentlich nicht gleich steinigen, wenn wir sie in unserem Buch an die Preußen anschließen. Das Bild oben zeigt die Lok Nr. 7 (1 D 1) bei der Ausfahrt aus Gmünd (Foto Dr. Scheingraber). Der gemütliche Zug mit dem Städtchen im Hintergrund, dessen Zwiebelturm uns so herzerfrischend ländlich anmutet, läßt uns den Abschied von unseren Bimmelbahnen schwer werden. Bei aller Bejahung der wirtschaftlichen Vorzüge von Diesellok und Triebwagen: Was sind sie gegen unser altes Dampfbähnchen?

Wir wollen — obwohl unser Buch der Dampf-Kleinbahn gewidmet ist — wenigstens auf die Vielfalt der motorgetriebenen Schienenfahrzeuge hinweisen, die immerhin bedeutende Leistungen aufweisen. Drei Beispiele mögen für alle stehen. Unten der Triebwagen der Moseltalbahn bei Trittenheim (Foto Brüning), der heute die Rolle des früheren „Saufbähnchens" übernommen hat. Rechts oben ein Wismarer Schienenbus, wie sie die Wismarer Maschinenfabrik in den dreißiger Jahren entwickelt hat. Es ist der T 22 der Sylter Inselbahn, aufgenommen im Bahnhof Westerland (Foto Kindermann). Und schließlich unten ein alter Veteran der elektrischen Gruppe, der ET 183.04, in Feilnbach aufgenommen (Foto Dr. Scheingraber), der beweisen soll, daß Nebenbahnen auch unter dem Fahrdraht betrieben werden können.

T22

Die Besseren

Das sind jene Bahnen, denen Merkur — wollen wir seinem Schutze auch die Eisenbahnen anvertrauen — dazu verholfen hat, den ursprünglich bescheidenen Rahmen zu durchbrechen und sich zu echten Nebenbahnen zu entwickeln, sie, die Aristokraten unter den Bimmelbahnen. Da gibt es schon gewichtige Namen unter diesen Auserwählten, und jedem Kenner der Materie wird beispielsweise alsbald das ausgedehnte Netz der Osthannoverschen Eisenbahnen einfallen. Gerade aber die Zitierung dieser großen Bahngesellschaft weist die äußeren Umstände nach, die zur Ausweitung und Vergrößerung bestehender Linien führte, im vorliegenden Falle die Teilung Deutschlands, die sozusagen die Bahnen an der Zonengrenze über Nacht vor ganz neue Aufgaben gestellt hat, ja, völlig neue Relationen entstehen ließ. So sind es also meist äußere Geschehnisse — gesunde wirtschaftliche Entwicklung, Aufschwung des versorgten Gebietes durch Ansiedlung neuer Industrien, Entdeckung von Bodenschätzen und dergleichen mehr — die den Aufstieg dieser und jener Bahn bewirkt haben. Von der gegenteiligen Entwicklung, dem Abstieg und der Betriebseinstellung, spricht niemand gern, es ist auch nicht Aufgabe unserer Betrachtungen, die Probleme der einzelnen Bahnen zu durchleuchten.
Wer also beispielsweise sich der Köln-Bonner Eisenbahnen erinnert, wie bescheiden dort im ersten Jahrzehnt unseres Jahrhunderts noch der feurige Elias durch die Dörfer qualmte und schlingerte, und das heute vorhandene, moderne und in vielen Dingen bahnbrechende Unternehmen betrachtet, der findet ein Musterbeispiel, wie groß der Aufstieg auch einer privaten Eisenbahn sein kann. Auf der anderen Seite hat auch betriebliche Notwendigkeit zu einer Vergrößerung der Anlagen geführt. Denken wir einmal an die „klassische“ Bahn unter unseren Besseren, die Halberstadt-Blankenburger Eisenbahn, die im Jahre 1919 bereits durch den Einsatz ihrer Pionierlokomotiven der Mammut-Klasse den bestehenden Unterschied zu den T 3-Bahnen dokumentierte. Damals spielte die Aufgabe des Zahnradbetriebes die Hauptrolle.
Nun ist es natürlich schwer, Trennungslinien zu ziehen, und der Leser wird mit Recht darauf hinweisen, daß die Übergänge durchaus gleitend sein können, denken wir an den östlichen Teil der Kassel-Naumburger Eisenbahn, wo durch die Bedienung des Volkswagenwerkes Altenbauna starker Güterverkehr herrscht und den Rahmen der Bimmelbahn längst gesprengt hat. Oder nennen wir die Bentheimer Eisenbahn, wo die Entdekkung von Erdöl sozusagen von heute auf morgen einen ruhigen Betrieb über den Haufen warf. Hinwiederum ist bei der Osthannoverschen Eisenbahn das, was da manchmal durch die Lüneburger Heide zuckelte, durchaus nicht immer so attraktiv gewesen, wie es der Titel dieses Kapitels verspricht. Eine nüchterne Betrachtungsweise ist also durchaus angezeigt und die folgenden Seiten sollen ja nur verdeutlichen, wie auf technischem Gebiet aus der Nebenbahnähnlichen allmählich die echte Nebenbahn wird, mit großen und leistungsfähigen Lokomotiven und einem stattlichen Wagenpark.

Die ehemals Halberstadt-Blankenburger Eisenbahn soll die Gruppe der Besseren eröffnen, und wir glauben, einiges Recht zu dieser Rangfolge zu haben. Unsere Fotos weisen aus, über welch kräftigen Maschinenpark diese Bahn verfügte. Ihre Streckenführung ist unterschiedlich. Während das Teilstück von Halberstadt nach Blankenburg noch im Harzvorland liegt, steigt die Bahn hinter Blankenburg steil in die Berge hinein, nach Hüttenrode, Rübeland und Tanne hinauf, wo neben dem Fremdenverkehr auch Industrie zu bedienen ist. Der Aufstieg in die Berge wurde früher mit Hilfe des Zahnrades besorgt. Im Jahre 1919 ließ der rührige Direktor der Bahn bei Borsig vier 1 E 1-Tenderlokomotiven bauen, die so leistungsfähig waren, daß der schwerfällige Zahnradbetrieb aufgegeben werden konnte. Im Bild unten sehen wir die ehemalige Lok „Wisent" (die vier Maschinen trugen die Namen Mammut, Wisent, Elch und Büffel), (Foto Illner) in ihrer ganzen Imposanz und bereits mit Reichsbahnnummer. Die beiden Bilder links hat Carl Bellingrodt Mitte der dreißiger Jahre aufgenommen. Links oben eine der kräftigen 1 C 1-Lokomotiven, die Betriebsnummer 1, auf der Bodebrücke bei Rothehütte, links unten sehen wir die „Mammut" auf der Bodebrücke bei Rübeland. Alle Lokomotiven stehen heute noch in Dienst.

Auf den Seiten 120 und 121 wies uns ein Bild der Georgsmarienhütten-Eisenbahn (Foto Rotthowe) auf die landschaftlichen Schönheiten auch dieser Bahnstrecke hin, die wegen ihres attraktiven Güterverkehrs aus dem Gros der Privatbahnen herausragt. Verweilen wir jedoch nach dieser Unterbrechung noch bei der Halberstadt-Blankenburger Eisenbahn. In den zwanziger Jahren ist bereits von dem Schriftsteller Günther Ritzau eine schöne Erzählung über die Halberstadt-Blankenburger Bahn unter dem Titel „Spitzenkehre Wellerwald“ geschrieben worden. Nun, hier ist sie, die berühmte Spitzkehre, und in einer kleinen Reportage wollen wir uns den Betrieb einmal anschauen. In Wirklichkeit heißt sie allerdings Michaelstein. Vor der Elektrifizierung dieser Bahn wurde der Betrieb neben den Maschinen der Mammut-Klasse mit Loks der BR 95 der Reichsbahn durchgeführt, wie wir hier in den Bildern sehen. Links oben kommt der Zug eben von Blankenburg herauf, vorn und hinten als Schiebelok je eine 95er. Die aus der Kehre herausführende Strecke sehen wir bereits rechts neben dem Zug steil aufwärts führen. Dorthin soll die Reise weitergehen. Erst muß der Zug jedoch in der Geraden zum Halten kommen, Bild links unten, die bisherige Schiebelok bildet jetzt die Spitze und es geht weiter den Berg hinauf — Bild oben — in Richtung Hüttenrode.

Solche Spitzkehren wurden dort angelegt, wo das Gelände ein Ausfahren der Täler zur Gewinnung der entsprechenden Höhe nicht zuließ. Der Betrieb ist dort naturgemäß recht behindert, und auch auf der Halberstadt-Blankenburger Eisenbahn verspricht man sich durch Elektrifizierung — die übrigens mit 50-Hz-Strom aus dem Landesnetz erfolgen soll — eine Erleichterung des Betriebes. Das Foto oben führt uns zum Bahnhof Rübeland-Tropfsteinhöhlen, einem beliebten Ausflugsziel. Dementsprechend herrscht auch reger Betrieb, und das Bild zeigt, daß hier von einer Bimmelbahn kaum noch die Rede sein kann. Dieses Foto sowie die drei Bilder der Vorseiten hat Herr Bäzold dankenswerterweise zur Verfügung gestellt. Rechts oben noch ein Blick auf die 1 C 1-Type der Bahn, von Herrn Dr. Feißel aufgenommen, der wir schon auf Seite 118 oben begegnet sind. Diese kräftigen 1 C 1-Typen — wir sprachen schon auf Seite 101 über sie — waren dazu ausersehen, die Nachfolge der ELNA-Reihe anzutreten. Sie sind u. a. auch von den Köln-Bonner Eisenbahnen angeschafft worden. Im Bild rechts unten schließlich die Lok 84 201 der Osthannoverschen Eisenbahnen bei der Ausfahrt aus Bahnhof Sülze (Foto Löttgers). Die Garnitur Eilzugwagen dokumentiert augenfällig, daß es sich hier um eine unserer Besseren handelt.

Die Osthannoverschen Eisenbahnen weisen eine interessante Besonderheit auf: Sie verwenden das gleiche Nummernschema wie die Deutsche Reichs- und Bundesbahn, die umseitig abgebildete Lok ist ihrer 1 E 1-Achsfolge nach also richtig in die Baureihe 84 eingestuft. Leider blieb dieser schöne und kräftige Nachkriegsbau ein Außenseiter. Sie stellt ein drittes Stadium in der Entwicklung typisierter Nebenbahnlokomotiven dar und gehört in eine Reihe, die um 1950 entworfen wurde, aber zufolge des Strukturwandels nur noch ganz vereinzelt zur Ausführung kam. Immerhin deuten die Entwürfe darauf hin, welchen Verkehrsaufschwung man noch vor zehn oder fünfzehn Jahren bei Privatbahnen erwartete, wie schnell aber auch der Strukturwandel alle Pläne über den Haufen warf.

Auch bei anderen Bahnen wurden teilweise vor dem Zweiten Weltkrieg schon 1 E 1-Lokomotiven beschafft. So zeigt unser Bild unten (Foto Reuschel) eine der drei großen von Borsig 1937 gebauten Lokomotiven der Westfälischen Landeseisenbahn im Augenblick des Ankuppelns an den Zug. Auch diese Bahngesellschaft weist ein großes Netz auf, eine Anzahl tüchtiger Lokomotiven stand dort in Betrieb. Im Bild links ein Blick auf die Zuggarnitur während des Haltes im Bahnhof. Die Wagen sehen respektabel aus, und wenn wir die Armesündergefährte von Seite 86 diesem Bild gegenüberhalten, dann vermeinen wir einen Salonwagen vor uns zu haben, so prächtig nimmt sich der Waggon mit seinen großen dreiteiligen Fenstern aus (Foto Rotthowe). Es macht schon Spaß, ein Stück in ihm zu fahren.

Unser Bild unten zeigt die Lokomotive Nr. 32 der Westfälischen Landeseisenbahn mit einem Personenzug aus Neubeckum im Hauptbahnhof Münster. Das, was wir auf der Vorderseite über die Wagen gesagt haben, wird auf diesem Bild (Foto Rotthowe) noch erhärtet. Nur wenige private Nebenbahnen dürften über vierachsige Drehgestellwagen verfügen. Die Lokomotive gehört zu den bereits mehrfach erwähnten 1 C 1-Neubauten der dreißiger Jahre, wobei es eine kleine Besonderheit zu vermelden gilt. Die Lok wurde von Borsig im Jahre 1936 gebaut und ist eine Konstruktion des bekannten deutschen Lokomotivbauers Dipl.-Ing. Adolf Wolff, der hier bewiesen hat, wie der tüchtige Konstrukteur nicht nur Schnellfahrlokomotiven, sondern auch kleine Nebenbahnmaschinen bauen kann.

Abermals ein Ausflug zur Osthannoverschen Eisenbahn. Mitten in schöner Heidelandschaft begegnet uns eine Zuggarnitur, wie sie auf Bundesbahn-Hauptstrecken nicht anders angetroffen werden kann. An der Spitze die Lokomotive 76 092 (Foto Margraf). Der in der Eisenbahngeschichte bewanderte Leser wird die Lok sofort als ehemalig preußische T 10 identifiziert haben, zumal auch die Baureihenbezeichnung beibehalten worden ist. Die Bahn erwarb Anfang der fünfziger Jahre 7 Lokomotiven dieser Type von der DB, als sie dort als Splittergattung ausgemustert werden sollten, um einen verbesserten Reisezugverkehr im Raum Celle—Soltau—Lüneburg einzurichten. So kam es, daß mehrere Jahre lang alte Preußen aus dem Alzey—Darmstädter Raum durch die stille Heide dampften.

161
TWE

Neben der Westfälischen Landeseisenbahn hat im Norden unseres Vaterlandes die Teutoburger-Wald-Eisenbahn einen guten Ruf. Auch bei ihr spielt neben dem Reiseverkehr der Gütertransport eine gewichtige Rolle, und ihr Maschinenpark enthält einige sehenswerte Vertreter der Gattung Nebenbahnmaschinen. Da setzt sich im Bild links soeben der tägliche Güterzug im Bahnhof Brochterbeck in Bewegung, geführt von Lokomotive 161, Achsfolge 1 D (Foto Moll). Die Streckenführung dieser niedersächsischen und westfälischen privaten Eisenbahnen ist übrigens sehr reizvoll, und es gehört zu den kleinen Freuden einer Urlaubsreise in jene Gegend, plötzlich inmitten einer von Wiesen, Buschwerk und Baumgruppen gebildeten stimmungsvollen Landschaft einen Schienenstrang anzutreffen. Auf diese landschaftlichen Reize weist uns auch das obenstehende Bild hin (Foto Löttgers), das uns in das kleine Dörfchen Varensell führt. Der Güterzug ist eben dabei, seine tägliche Rundreise zu absolvieren. Diesmal steht Lokomotive Nr. 222 an der Spitze. Die Bimmel für den unbeschrankten Bahnübergang ist wahrscheinlich schon in Tätigkeit und unser Bäuerlein mit seinem Pferdchen schaut mit besonderem Interesse zu, bis der Zug vorüber ist. Dampfzug und Pferdegespann — beinahe ein Märchen.

Widmen wir auch die letzten Seiten dieser Gruppe noch den norddeutschen „Besseren“, nicht zuletzt wegen ihrer landschaftlichen Schönheit. Unser Bild auf Seite 116, mit dem wir das Kapitel einleiteten, hat uns bereits an die Möhnetalstrecke der WLE geführt und uns den ganzen Blütenzauber dieser Landschaft aufgezeigt (Foto Rotthowe). Der gleiche Fotograf zeigt uns in zwei weiteren Bildern abermals die Schönheit westfälischen Bahnbetriebes. Oben steht eine einzelne Lok abfahrbereit im Bahnhof Lippstadt Nord. Die Bahnhofsuhr zeigt 8.03 Uhr und liefert zweifachen Beweis sowohl für die Rührigkeit des Maschinenpersonals, das vermutlich schon eine Fahrt hinter sich hat, als auch für den Fotografen, der sozusagen noch mitten in der Nacht bereits auf den Beinen war, ein Stimmungsbild von unserer großen Nebenbahn zu erhaschen. Bei der großen Lokomotive im Bild rechts dürfen wir aber nicht mehr von Bimmelbahn sprechen. Das ist eine echte Nebenbahnlok, die Nr. 222, Achsfolge 1 C 1, die hier vor dem Schuppen in Lengerich aufgenommen wurde. Sie hat eine besondere Geschichte. 1926 lieferte sie Henschel an die Eutin-Lübecker Bahn, mit dieser wurde sie 1941 vom Staat übernommen und als 75 632 in den Park der DR eingestellt. 1946 erwarb sie die Teutoburger-Wald-Eisenbahn, bei welcher sie dann ihr Dasein beschloß.

222
TWE
Unl 25.5.65
N Unl 25.9.68

T 1005
HEILBRONN

Die Industriellen

Um es gleich vorweg zu nehmen: Unter dieser Überschrift soll nicht etwa über die Industriemagnaten und Wirtschaftskapitäne gesprochen werden, noch ist vom Umsatz, Fertigung, Profit und Konkurrenz die Rede, vielmehr wollen wir unserem Buch über die Bimmelbahnen jene hinzufügen, die zwar den Industriellen gehören, von deren Existenz diese meist aber nur wenig Ahnung haben dürften, die Industrie-, Werks-, Anschlußbahn- und Baulokomotiven.

Das ist nun zweifellos ein Komplex, über den sich ein ganzes Buch schreiben ließe und der — warum eigentlich? — allgemein mit nicht allzu großem Interesse betrachtet wird, sondern sich in den Augen der Eisenbahnfreunde recht stiefmütterlicher Wertschätzung erfreut. Freilich, in einem Hüttenwerk ist von Eisenbahnromantik nicht viel die Rede, und das kleine Baulokomotivchen, das da unter dem Löffel des Baggers sein dünnes Rauchfähnchen gen Himmel pustet, gehört wohl nur pro forma zur Gattung der Lokomotiven, es ist wohl eine Art besserer Kaffeemühle. Die landläufigen Ansichten sind nicht immer gerecht. So treffen wir gleich auf den folgenden Seiten einen alten Reichsbahn-Bekannten wieder, den „Bulli", wie die Lok der BR 80 scherzhaft genannt wurde. Solange er im Verschiebedienst der DB tätig war, nahm man ihn noch für voll. Bei seinem neuen Brotherrn, der Georgsmarienhütten-Eisenbahn, ist er jedoch für die Eisenbahnfreunde uninteressant geworden. Dabei fristet gerade in Industrieunternehmen noch manch schöne alte Lokomotive ihr Auskommen. Bei der privaten Wirtschaft lebt man sparsam, und die Lokomotive wurde nur erneuert, wenn damit ein echter Rationalisierungseffekt verbunden ist. So finden wir noch immer hier und dort alte Dampflokomotiven in voller Aktion. Auch das Lokomotivle links ist schon 67 Jahre alt. Wer kennt es noch? Es ist eine alte Tenderlok der Königl. Württembergischen Staatsbahn, Nr. 1005, im Jahre 1899 von der MBG Heilbronn erbaut und noch immer beim Hüttenwerk Laucherthal bei Sigmaringen im Dienst (Foto Dr. Scheingraber). Der Heizer wienert sogar eifrig das Firmenschild, auf daß auch ja die denkwürdige Jahreszahl der Entstehung lesbar bleibe.

Ein Spaziergang durch die Welt der Industriebahnlokomotiven lohnt sich. Wir wollen dabei den Begriff weit fassen, denn unser Buch handelt ja von allen Bimmelbahnen. So gehören auch die in den Bahnbetriebswerken und Ausbesserungswerken tätigen Werkslokomotiven in dieses Kapitel. Die Industriebahnen besaßen oft Netze von beträchtlicher Ausdehnung, nicht selten zählte ihre Gleislänge mehr als 100 Kilometer. Schmale und normale Spur, beide sind vertreten. Rechnen wir auch noch die Grubenbahnen dazu, etwa der niederrheinischen und mitteldeutschen Braunkohlenreviere mit ihren enorm starken Elektrolokomotiven, oder die ausgedehnten Bahnen der thüringischen Mansfeld AG, so finden wir kein Ende unserer Betrachtungen.

Viele Jahre hat sie bei der Bundesbahn in Dienst gestanden, zuletzt als Lok 80 016 beim Bw Schweinfurt. Ihr neuer Eigentümer, die Georgsmarienhütten-Eisenbahn, der sie als Nr. 3 jetzt gehört, hat große Hoffnungen in sie gesetzt. Sie darf sogar Personenzüge befördern, wie auf unserem Bild (Foto Rotthowe). Ob staatlich oder privat — man braucht nur hinzuschauen, um sofort den unverwechselbaren alten „Bulli" zu erkennen.

89 222
66
2

92 601

Auf der Reichs- und Bundesbahn versehen meist ältere Lokomotiven die Hilfsdienste im Schuppen oder im Ausbesserungswerk. Mit einigem Recht glauben wir daher, diese Lokomotiven in unser Kapitel der Industriebahnlokomotiven mit einreihen zu können. So hat sich nicht nur auf den sächsischen Verschiebebahnhöfen, sondern auch in den dortigen Bahnbetriebswerken neben der kleinen VII T-Lok die Rangierlok der Klasse V T der früheren Sächsischen Staatsbahn recht nützlich gemacht. Im Bild links oben fährt die Lokomotive 89 222 vor einem Leerzug in den Bahnhof Dresden-Neustadt ein (Foto Griebl). Im Bild links darunter ist es eine preußische Lok der Gattung T 13, die 92 601, die dem Bw Kassel für Rangierzwecke zur Verfügung steht. Wir können im Hintergrund den Schuppen erkennen (Foto Griebl). Beide Lokomotiven gehören zu den Bimmelbahnen, wenn sie auch seltener im Streckendienst verwendet worden sind. Im Gegensatz hierzu wieder ein Lokomotivchen privater Herkunft, das, obschon hochbetagt, noch immer treu seine Pflicht erfüllt. Es ist die kleine Lokomotive der Hafenbahn Torgau, die die Verbindung zwischen dem Elbhafen und dem Staatsbahnhof besorgt (Foto Illner). Bei ihr sehen wir wieder die von der T 3 her bekannte Stephenson-Kulissensteuerung.

Gehört die umseitige Torgauer Hafenbahnlokomotive sozusagen zu den Liliputanern unter den Maschinen, so ist die unten abgebildete Lok immerhin eine Nummer größer und von andersartiger Bauweise. Sie dient als Werklok, 1908 von der Hanomag erbaut, der Erzgrube in Altenstadt bei Geislingen. Von dieser Type hat es wohl unzählige Lokomotiven gegeben, die uns größtenteils wieder aus den Augen verschwunden sind, denn auch die Industrieunternehmen schaffen heute aus Gründen der Wirtschaftlichkeit nur noch Diesellokomotiven an. Um auf dem Gebiet der Industriebahnlokomotiven der Typenvielfalt zu steuern, haben die Lokomotivbauanstalten Maschinen nach Katalog angeboten. Unter Verwendung möglichst gleicher Bauteile wurden Typenreihen entwickelt, die Maschinen jeder Leistung bis zu 800 PS hinauf enthielten. Auf schmaler Spur ging man bis zum kleinen 25-PS-Lokomotivchen herunter. Diese Typisierung hat sich gut bewährt, und die Katalog-Lokomotiven von Henschel, Schwartzkopff und Orenstein & Koppel sind weithin bekannt geworden. Eine der größten war die fünffach gekuppelte Tenderlok des Typs „Gelsenkirchen". Aber auch hiervon gab es selbstverständlich Ausnahmen, dann nämlich, wenn die zu bewältigenden Aufgaben das Betriebsprogramm dieser Lokomotiven „von der Stange" überstiegen (Foto Baier).

Ein solcher Fall liegt im Bild unten bereits vor. Der Sand für die Oberschlesischen Bergwerke mußte mittels einer langen Sandbahn aus beträchtlicher Entfernung herbeigeschafft werden. Es war dort nämlich Vorschrift, daß die durch den Abbau der Kohle entstandenen unterirdischen Hohlräume mit Sand zugefüllt werden mußten. Gewaltige Zugleistungen wurden von den Lokomotiven dieser Bahnen verlangt, wollte man nicht die Züge in unrentable kurze Einheiten auflösen. So kam es, daß die schwersten deutschen Tenderlokomotiven, von Borsig und Schwartzkopff gebaut, auf den Oberschlesischen Sandbahnen in Betrieb standen. Mit 23 Mp Achslast waren sie die Goliaths aller deutschen Lokomotiven überhaupt, und die unten abgebildete Vertreterin dieser Gattung läßt schon äußerlich einiges von dem ahnen, was in ihr steckt. Es handelt sich um die Borsig-Lokomotive, die von dem erwähnten Konstrukteur Adolf Wolff entworfen worden ist. Hier stellt sich uns sozusagen eine Super-Bimmelbahn vor und sie wurde eigentlich nur in unser Buch mit aufgenommen, um die obere Grenze dessen zu zeigen, was auf diesem Gebiet auf den Schienensträngen rollt. Diese riesigen Lokomotiven waren ohne weiteres in der Lage, einen Zweitausend-Tonnen-Zug an den Zughaken zu nehmen.

Auf Seite 117 haben wir uns bereits über die Halberstadt-Blankenburger Eisenbahn unterhalten und festgestellt, daß man dort den Zahnradbetrieb aufgegeben hat. Die alten Zahnradlokomotiven wurden verkauft und eine ist bei der Städt. Hafenbahn Hamm gelandet, wo wir sie im Bild oben bewundern können. Natürlich ist das Zahnrad ausgebaut, sie lief als normale Reibungslokomotive. Ihre andersartige Bauart ist jedoch noch immer zu erkennen (Foto Kölsch). Auf der rechten Seite schließlich zwei Bilder von sogenannten Feldbahn-Lokomotiven. Wer dächte bei diesen Bildern nicht an die trüben Jahre, als die Trümmerbahn durch unsere Städte fuhr? Rechts ein letzter Blick auf diese kleinen Maschinen (Foto Röß), die nur 600 mm Spurweite besaßen.

Die Staatlichen

Nun schließt sich der Ring wieder. Mit dem staatlichen Bimmelbahnel aus Sachsen und Schwaben hatten wir unsere Reise begonnen, mit der normalspurigen staatlichen Nebenbahn wollen wir sie abschließen in der Hoffnung, damit alles, was unter den weiten, so liebenswürdig klingenden Begriff der Bimmelbahn fällt, wenigstens als grobe Andeutung erfaßt zu haben. An der Fülle des angebotenen Stoffes und der Vielzahl der Bahnen gemessen, kann es nur ein winzig kleiner Ausschnitt sein.
Auch der Staat besaß seine Nebenbahnen. Ihre Dichte war örtlich verschieden und richtete sich zum Teil mit nach der Baufreudigkeit der alten Länderbahnen. Nun, einer eigenartigen Gruppe von ihnen sind wir bereits begegnet. Es waren die Vizinalbahnen in Bayern, die dort auch lokomotivseitig abgrenzbar sind und ein gewisses Eigenleben geführt haben. Mit den staatlichen Nebenbahnen der anderen Bundesländer ist es jedoch so eine Sache. Die geringen Verkehrsbedürfnisse des preußischen Ostens ließen beispielsweise neben der billigen Schmalspurbahn auch lange, einsame Nebenbahnen entstehen, denken wir an Pommern, Ostpreußen und die früheren westpreußischen Kreise. Hier kam man mit Tenderlokomotiven nicht mehr aus, und so finden wir dort Schlepptenderlokomotiven im Einsatz, die G 1, G 2, P 3, P 6 und während der Reichsbahn-Ära die 24er Einheitslokomotive, die nicht zuletzt wegen ihres Einsatzes in den östlichen Provinzen — die ersten Maschinen dieser Baureihe waren beim Bw Wriezen eingesetzt — den Beinamen „Steppenpferd“ erhielt. Im Westen Deutschlands nahm die Dichte des Nebenbahnnetzes entsprechend der Einwohnerzahl beträchtlich zu, und den Rekord hielt wohl die frühere Hessische Ludwigsbahn, deren Gebietsteile — denken wir nur an das linksrheinische Rheinhessen — geradezu vorbildlich durch Nebenbahnen erschlossen wurden. Auch in Baden und Württemberg gab und gibt es manch schöne staatliche Nebenbahn, und es wird kein Geheimnis sein, daß sich unter diesen zweitklassigen Strecken die schönsten deutschen Bahnlinien überhaupt befinden, denken wir einmal an die Schwarzatalbahn in Thüringen, an die Hunsrückbahn, die Ahrtalbahn, die tunnelreichen Linien im Bergischen und im Sauerland, die landschaftlich so prächtigen Strecken im Müglitz-, Zschopau- und Muldental und — obschon Hauptbahn, so sei sie dennoch mit angefügt — die schönste eingleisige Eisenbahn überhaupt, die Höllentalbahn im badischen Schwarzwald. Auf unserem Bilderstreifzug werden wir mancher der genannten Strecken wieder begegnen (Bild links Foto Wismer).
Alle möglichen Lokomotivtypen, vor allem aus der früheren Länderbahnzeit, dampften auf den staatlichen Nebenbahnstrecken, und auch der Wagenpark, besonders der älteren Zeit, bot Fahrzeuge, die einem Modelleisenbahner das Herz im Leibe lachen machten. Heute wird es auch um die Staatlichen stiller. Das Dogma von der Gesundschrumpfung der Bundesbahn trifft in erster Linie diese Strecken.

Die Preußische Staatsbahn als gewissenhaftes und sparsames Unternehmen kümmerte sich frühzeitig auch um billige Fahrzeuge für die Nebenbahnen. Mit Übernahme der Privatbahn Wiesbaden—Langenschwalbach wurde die Beschaffung geeigneter Wagen für die krümmungsreiche und doch stark benutzte Bahn zum Problem. Es entstanden damals die bekannten vierachsigen Langenschwalbacher Wagen, von denen wir im Bild oben auf der genannten Strecke noch zwei Stück im Zuge sehen können (Foto Schulze). An der Spitze dampft eine 93er, auch preußische T 14[1] genannt. Die ursprünglich für diese Strecke noch gebauten C 1-Lokomotiven sind heute längst vergessen. Nur die übrigens hübschen Wagen erinnern noch an Überlegungen unserer Urgroßväter.

93 877

Die Lokomotiven der Baureihe 93 waren zu einem großen Teil auf Nebenbahnen eingesetzt, wenn sie auch verschiedentlich den Hauptbahndienst im Vorortverkehr besorgten. Ihre kräftige Ausführung mit dem leistungsfähigen Kessel ließ sie wie geschaffen für ein derartiges Aufgabengebiet erscheinen. Im Bild auf der Vorseite erblicken wir den Personenzug Münster—Warendorf bei der Ausfahrt aus Bahnhof Telgte in Westfalen (Foto Rotthowe). Auf dieser Strecke wurde bislang noch fleißig gepfiffen und geläutet, und die flinke 93er erwies sich vor ihrem Zug, der zwar aus modernen Wagen bestand, als echte Bimmelbahnlokomotive. Im Bild unten versieht eine Lokomotive der Baureihe 94 Nebenbahndienst, Schauplatz der Handlung ist die Odenwaldstrecke von Weinheim nach Wahlen. Täglich dampft der Güterzug die Strecke entlang, um für Handel und Wandel in den Berggemeinden zu sorgen. Dort im Hügelland hat sich die Lokmotive der BR 94 gut bewährt, und wir finden sie nicht nur im Odenwald, sondern auch im Schwarzwald, in Thüringen, im Westerwald und Hunsrück, also überall dort, wo es gilt, mit einem Zug den Berg hinaufzukraxeln. Mit ihnen wurde auch erfolgreich der Zahnradverkehr auf den früheren thüringischen Strecken eingestellt und der ehemals schwerfällige Betrieb erheblich verbessert.

Das Foto unten soll uns noch einmal in den Odenwald führen und die Schönheit einer solchen Nebenbahnstrecke aufzeigen (beide Fotos Baier). Man muß sich einmal so recht in die Stille des Waldes versetzen, besonders an heißen Sommer- oder kalten Wintertagen, wenn alle übrigen Waldbewohner sich in ihre Winkel verkrochen haben. Dann war wohl schon von weitem das harte Geschnauf und Gestöhn der Lokomotive zu hören. Manchmal pfiff ein dünnes Dampfstrählchen aus einer undichten Stopfbuchse eines Zylinders heraus, das verlieh dann dem Ereignis einen melodischen Rahmen. Mit einem lustigen „Schaffe pfuitt — schaffe pfuitt — schaffe pfuitt —" wackelte der Zug heran, wobei gerade die 94er bei jedem Schienenstoß eine kleine Verbeugung machte. Die Lokomotivenmänner lehnten aus ihren Fenstern, besahen sich die Gegend und ließen im übrigen ihrem Rößlein die Zügel schießen. Das fuhr sowieso allein. Und am Wegübergang am Waldesrand griff die Hand des Lokführers schon ganz mechanisch nach dem Pfeifenzug oder nach dem „Bimmel"-Hahn. Der seinen technischen Ehrgeiz in waghalsigen Überholmanövern auf der Straße befriedigende autofahrende Mitteleuropäer wird freilich jene Zeit — so arm und einfach sie war — nie mehr begreifen.

Abermals kraxelt die 91er den Berg hinauf, diesmal ist es im schönen Thüringer Wald bei Thomasmühle (Foto Bellingrodt). Das anmutige Tal mutet wie aus einem Ferienprospekt an. Auch die Bildseite rechts soll uns zwei staatliche Nebenbahnen vermitteln. Oben sehen wir einen Personenzug, geführt von der Lok 86 096 auf dem Viadukt bei Wurzbach in Thüringen (Foto Bellingrodt), während der Blick unten auf den kleinen Haltepunkt Baumgarten im Kamptal in Österreich fällt. Die Lok 95 106 tut sich nicht sehr weh mit ihrer leichten Fuhre. Auch die österreichischen Lokomotiven der Baureihen 78, 93 und 95 sind heute vielfach im Nebenbahndienst zu finden. Sie wirken lediglich durch den von der Seite breiten, von vorn so schmalen Dr. Giesl-Schornstein andersartig.

94 1013

Auf der Vorseite sind wir ihr abermals begegnet, der braven 94er, diesmal auf der Strecke Rauenstein—Sonneberg vor einem Güterzug, kurz vor der Einfahrt in den Bahnhof Sonneberg (Foto Illner). Wir erinnern uns, daß in jenen Gegenden die Eisenbahn geradezu lebensnotwendig war und wesentlich mit dazu beigetragen hat, der Armut zu steuern. Aus der Spielwarenstadt Sonneberg mußten noch vor hundert Jahren die Heimarbeiter teilweise selbst mit der Kiepe auf dem Rücken ihre Erzeugnisse im Tal an den Mann bringen. Mit der Bahn im Gefolge kam die industrielle Fertigung und vor allem die Sicherung des Absatzes der Erzeugnisse. So war auch die Müglitztalbahn im Bild oben, aufgenommen bei Altenberg (Foto Bellingrodt), eine lebensnotwendige Einrichtung für die fleißigen Bewohner der Täler. Wir hörten bereits beim Bimmelbahnel, daß diese Bahn ursprünglich schmalspurig angelegt worden war und um 1935 herum auf Normalspur umgebaut wurde. Diese Umspurung warf zahlreiche Probleme auf, denn in den meisten Fällen war kein Raum vorhanden, die Bahn den Bauvorschriften entsprechend anzulegen. Das Bimmelbahnel hatte sich ja einfach mitten durch die Dörfer hindurchgeschlängelt, seine Trasse ließ sich nicht benutzen und ist zum Teil heute noch zu erkennen.

Damals meinte man, die starken Krümmungen dieser neuen Bahn nicht mit den herkömmlichen Lokomotiven bewältigen zu können. Man schuf zwei starke 1 E 1-Lokomotivbauarten, einmal mit schwenkbaren Luttermöller-Endachsen, zum anderen mit Schwartzkopff-Eckhardt-Lenkgestellen. Dazu spezielle Fahrgastwagen in kurzer Bauform mit Drehgestellen, sozusagen eine moderne Version der alten Langenschwalbacher Wagen. Diese Heidenau-Altenberg-Wagen sehen wir denn auch im Bild links oben hinter der Luttermöller-Maschine 84 003. Heute sind die Wagen in alle Winde verstreut, zwei Stück gehören sogar zum Bestand der BD Frankfurt/M. Die Maschinen sind verschrottet, der Betrieb wird mit 86er Lokomotiven durchgeführt und — es geht auch.

Das Bild oben gehört mit zu den schönsten Eisenbahnfotos, die wir kennen. Es zeigt den Zug der Nebenbahn Rostock—Sanitz—Tribsees bei Bad Sülze in Mecklenburg, aufgenommen von Bellingrodt zu einer Zeit, als der Betrieb noch in voller Blüte stand, denn die Strecke ist 1945 abgebaut worden. Anfang der zwanziger Jahre wurden badische Tenderlokomotiven der BR 75 nach Mecklenburg überwiesen, wie im Bilde zu sehen. Sie verrichten noch heute bei der mitteldeutschen Reichsbahn im Raum Zittau und Bautzen Dienst.

24 017

24 067

Kaum erwähnt, da kommt es schon angedampft, das „Steppenpferd“, die Dampflok der Baureihe 24, die in Kessel und Triebwerk mit der Baureihe 64 identisch ist. Links oben flitzt sie eben mit ihrem Bimmelbahnzug über die Chaussee bei Karow in Mecklenburg, und wir sehen eine schöne Nebenbahngarnitur, wie sie der Modellbahnfreund zu schätzen weiß (Foto Bellingrodt). Darunter eine der letzten in Dienst befindlichen 24er auf der Drehscheibe des Bw Rheydt (Foto Büttner-Zedlitz). Und im Bild unten abermals ein geradezu klassischer Nebenbahnzug. Lokomotive 64 208 dampft eben auf hohem Damm über einen kleinen Wasserlauf bei Teterow in Mecklenburg. Von den vier Wagen gehört jeder einer anderen Type an. Kann ein Zug schöner die alte Bimmelbahn-Romantik verkörpern als dieser (Foto Bellingrodt)?

Ein völlig anderes Motiv trat uns auf Seite 158 entgegen. Dort dampfte ein Güterzug mit einer großen Güterzuglokomotive der Baureihe 58 — früher preußische G 12 genannt — über die Strecke Saalfeld—Blankenstein, die früher über Marxgrün bis nach Hof führte (Foto Illner). Der herrliche Blick zeigt uns das Städtchen Leutenberg und oben auf dem Berg die Friedensburg. Das Bild macht wieder einmal deutlich, wie sehr sich im Lauf der Jahre die Verhältnisse gewandelt haben. Was einstens die modernste preußische Güterzuglok war, ist heute gerade recht für den Nebenbahndienst, noch dazu auf einer Strecke, die wegen der Zonengrenze zum Torso geworden ist. Die niedrige Achslast der G 12 läßt sie aber immer wieder auf solchen Strecken Beschäftigung finden. Das Bild auf Seite 159 zeigt indes das Gegenteil: Eine ehemalige Privatbahn heute. Wir fahren mit einem Personenzug über die Gleise der früheren Halle-Hettstedter Eisenbahn aus dem Bahnhof Polleben aus. Die große Kurve läßt uns den Zug in seiner ganzen Vielfalt erkennen, voran Lok 86 771. Sollte man ihn nicht — so wie er ist — in ein Eisenbahnmuseum stellen? Finden sich nicht Wagen aller Konstruktionen darin? Auch das Eisenbahnschicksal beschreitet seltsame Wege und läßt zusammenkommen, was nie füreinander bestimmt war (Foto W. Maedel).

Die beiden Bilder dieser Seiten eröffnen uns wieder einen ganz neuen Blick in die große Welt unserer staatlichen Bimmelbahn. Wir befinden uns auf einer Strecke, die den Winter über ein verschlafenes Dornröschendasein führt und erst im Sommer zum Leben erwacht. Dann aber keuchen lange Züge die Trasse entlang, speien Scharen von Erholung suchenden Fahrgästen aus. Es ist die Inselbahn Swinemünde—Wolgaster Fähre. Inselbahn in doppeltem Sinne: Früher, weil sie die Insel Usedom mit ihren berühmten Seebädern dem Verkehr erschloß, heute, weil durch die hinter Ahlbeck verlaufende polnische Grenze Swinemünde unerreichbar ist und der Verkehr zum reinen Inselbetrieb geworden ist. Lokomotiven und Wagen mußten mit der Fähre über den Peenestrom gebracht werden, und es war schon ein Problem, wenn eine Lok zur Ausbesserung fällig war, sie zu verschiffen. Vor dem Kriege besorgten Lokomotiven der BR 78 den Betrieb und übernahmen im Kopfbahnhof Heringsdorf die Züge. Bis dorthin liefen die Schnellzüge von Berlin mit ihren S 10^1-Lokomotiven durch. Heute sind im Bw Heringsdorf eine Anzahl Maschinen der BR 56 stationiert und flitzen des Sommers über lustig bimmelnd und pfeifend die Strecke entlang. Und gepfiffen wird genug, denn Schranken gibt es nur an der Hauptstraße. Beide Aufnahmen in und bei Koserow (Foto Maedel).

Durch das Abtrennen der Inselbahn infolge der Grenzziehung, wie auf Seite 161 berichtet, hat sich alles verändert. Der Zug beginnt heute in Wolgaster Fähre, einem kleinen Bahnhof am anderen Ufer der Peene gegenüber von Wolgast. Bis dort verkehrt der Zug von Berlin, die Reisenden überqueren zu Fuß die Brücke, um dann am anderen Ufer wieder den Zug zu besteigen. — Doch nun ein großer Sprung vom Ostseestrand ins westdeutsche Bergland. Unser Bild links führt uns an die Rurtalbahn — nicht mit dem bekannten Nebenfluß des Rheines zu verwechseln — von Düren nach Heimbach. Die Aufnahme stammt noch aus einer Zeit, als dort reger Verkehr herrschte und der Zug am Flußufer entlang das schöne Tal entlangpfiff. Heute ist der Personenverkehr eingestellt, ein Güterzug fährt wohl noch, die Strecke gehört zu denjenigen, deren Todesurteil bereits gesprochen, aber noch nicht vollstreckt worden ist (Foto Klossek). Immerhin besteht die Rurtalbahn weiter, das Bild oben gehört jedoch der Geschichte an. Der Bahnhof Listernohl existiert nicht mehr, er ist in den Fluten der Biggetalsperre verschwunden. Die Biggetalbahn wurde damals verlegt und der Bahnhof an anderer, höher gelegener Stelle wieder neu aufgebaut. So soll das Bild (Foto Rotthowe) uns an eine Stätte erinnern, die wie alle Bahnhöfe einmal Drehscheibe menschlicher Schicksale war.

97 103

Zu den Bimmelbahnen gehören auch die wenigen Zahnradstrecken, die bis vor wenigen Jahren noch in Betrieb standen. Heute ist auf allen die Dampftraktion eingestellt, Schienenbusse haben den Dienst übernommen und genügen auch den Anforderungen, zumal wenn sie mit entsprechenden Bremsvorrichtungen ausgerüstet sind. Links oben im Bild stößt die Lokomotive des Zuges der Lokalbahn Passau—Wegscheid zwischen Untergrießbach und Wildenranna fürchterliche Qualmwolken aus, obschon seine zwei Wagen ihm nicht viel Last bedeuten sollten (Foto Turnwald). Weit schwerer hat es im Bild darunter die Hunsrückbahn, bei welcher es gleich von Boppard aus steil ins Schiefergebirge hinauf geht. Lok 94 1080 zieht vorn kräftig, und hinten drückt die alte preußische Zahnradlok 97 004 ordentlich nach. Man sieht es am Dampf, wie beide Rösser sich plagen müssen, den Zug den Berg hinaufzubringen (Foto Bellingrodt). Unten schließlich die Totalansicht einer der bekanntesten deutschen Zahnradlokomotiven, einer Maschine der Honau-Lichtensteiner Zahnradbahn, die besonders kräftig ausgeführt war und ausgezeichnete Leistungen vollbracht hat. Ein Exemplar steht im Werkshof der Maschinenfabrik Esslingen als Denkmal, während sie unser Foto 1961 noch in voller Aktion in Reutlingen zeigt (Foto Baier).

Den Zug im Bild unten — eigentlich ist ja nur die Lokomotive zu sehen — sollten wir mit ganz gehörigem Respekt betrachten. Er fährt nämlich direkt in die Stadt der Schildbürger, und irgendwie will es uns scheinen, als passe auch die Lokomotive dorthin. Die Schildbürger? Nun, wer sie nicht kennt, der soll sich tüchtig schämen! Schildbürger hießen die Einwohner der kleinen Stadt Schildau, die sich früher (das ist natürlich alles schon lange her) durch besondere Intelligenz auszeichneten und allerlei Unfug in ihrer Stadt angerichtet haben. Welch ein Glück, daß es heute keine Schildbürger mehr gibt! Unser Zug im Bild unten (Foto Illner) bedient die Kleinbahn Mockrehna—Schildau und steht abfahrbereit im Bahnhof Mockrehna bei Torgau. Die Strecke gehörte früher zu den von der Provinzialverwaltung in Merseburg aus betreuten Privatbahnen und wurde 1949 verstaatlicht. Inzwischen gibt es auch keinen Dampfbetrieb mehr, die Schildbürger haben sich auf Diesel umgestellt und bewiesen damit, daß sie mit ihren anrüchigen Vorfahren nichts gemein haben wollen. Leider rettet das den Betrieb auch nicht mehr, insofern ist's also doch ein Schildbürgerstreich, einer sterbenden Nebenbahn noch die Kosten für die Beschaffung von Diesellokomotiven aufzubürden. Die Lokomotive im Bild ist eine früher preußische T 9³.

Zu den interessantesten staatlichen Nebenbahnen gehört seit jeher die Windbergbahn. Wer sie nur dem Namen nach kennt und mit ihrer Geographie nichts Rechtes anzufangen weiß, dem sei verraten, daß sie von Freital (bei Dresden) aus sich immer um den Windberg herum nach Possendorf hinaufschlängelt, um die dort oben auf dem Berg liegenden dicht besiedelten Gemeinden an den Verkehr anzuschließen. Der Bau der Windbergbahn machte in Anbetracht des Geländes erhebliche Schwierigkeiten. Die starken Krümmungen, die sich nicht umgehen ließen, erforderten eine besonders gut kurvengängige Lokomotivkonstruktion. 1910 entstanden die bekannten 15 Windberglokomotiven, heute Baureihe 98^0, kräftige Maschinen der in Sachsen beliebten Bauart Meyer, also mit zwei Maschinendrehgestellen. Im Bild unten ist gerade der tägliche Güterzug auf der Reise zu den Bergdörfern, und wir sehen an der Anstrengung der Lokomotiven, welche Last am Zughaken hängt (Lokomotiven 98 005 und 014, Foto Meyer). Die Aufnahme wurde bei Birkigt gemacht und gehört bereits der Geschichte an. Der Betrieb des Bähnchens wurde auf die Straße verlagert. Die Lokomotiven sind teils noch vorhanden, teils aber auch schon den Weg allen alten Eisens gegangen, und unser Foto stellt gleichzeitig einen Abschiedsgruß des alten Windbergbähnels dar.

Ein schönes winterliches Stimmungsfoto aus dem sächsischen Bergland. Der Nebenbahnzug auf dem Bahndamm hat soeben den Bahnhof Langenleuba-Oberhain verlassen und dampft seinem fernen Ziel zu. Wer möchte nicht auch an solch einem schönen Wintertag im schneereichen Gebirge in gesunder Luft etwas für den im Großstadtklima verweichlichten Körper tun? Die Beförderung der erholungsuchenden Stadtbevölkerung war von jeher eine schöne Aufgabe der Nebenbahnen (Foto Illner).

Jetzt aber noch ein dreifach Hoch unserem Bubikopf! Wer kennt da wieder den „Bubikopf“ noch nicht? Er verkrauche sich in den hintersten Winkel und verhülle schamhaft sein Haupt! Bubikopf, so hießen, entsprechend der Bezeichnung für die kurze Haartracht der Damenwelt nach dem Ersten Weltkrieg, die Lokomotiven der Baureihe 64, die im Jahre 1928 erstmals in Dienst gestellt wurden und all die vorsintflutlichen Dampfer, die noch aus Länderbahn-Zeiten her die Schienenstränge unsicher machten, ablösen sollten. Das waren kräftige Maschinen, wir begegneten ihnen schon einmal. Da es sich um eine Einheitsbauart handelt, war sie im wesentlichen mit der Baureihe 24 identisch, der auch die gleichen Aufgaben, allerdings über längere Streckenabschnitte hinweg, zugedacht waren. Mit 520 Exemplaren ist der „Bubikopf“ — man hat ihn wohl wegen seines etwas eigenartigen Kesselvorderteils so genannt — zu einer sehr populären Nebenbahnlokomotive geworden, die auch mit Erfolg vor leichten Hauptbahnzügen zu finden war. Unsere beiden Bilder oben und rechts zeigen zwei schwäbische Bubiköpfe, sie sind in Urach in Württemberg aufgenommen (Foto Baier) und wir glauben, diese tüchtige Nebenbahnmaschine hat es verdient, daß wir ihr auf zwei Seiten ein kleines optisches Denkmal setzen.

84 223

Nur wenige Bilder sind uns von den Bahnen der früheren deutschen Ostgebiete erhalten geblieben. Dabei gab es gerade in Schlesien ein ausgedehntes Netz von Nebenbahnen, besonders zur Erschließung des westlichen Berglandes. Wegen dieser Seltenheit sind Bilder zu den kleinen Kostbarkeiten unter den Sammlungen zu rechnen. Links oben das Bild einer winterlichen schlesischen Gebirgsstrecke mit einem Nebenbahnzug. Unten ein Ausschnitt von der Strecke Hausdorf—Kynau mit dem herandampfenden Bummelzug (beide Fotos Sammlung Moll). Diesen Erinnerungen soll ein Bild aus dem winterlichen Österreich zur Seite gestellt werden. Links unten sehen wir einen Personenzug mit Lok 93 1387 bei Stammersdorf (Foto Griebl). Das neblige Wetter wirkt alles andere als anregend auf die Reiselust.

Neben dem erwähnten „Bubikopf“ schuf die alte Deutsche Reichsbahn noch die Lokomotivbaureihe 86 als ausgesprochene Nebenbahnlokomotive. Sie ist heute noch auf zweitklassigen Strecken zu finden. Im Bild oben treffen wir sie bei Frankfurt-Eschersheim auf der Hauptbahn (Foto Müll), die sie bis Bad Vilbel mitbenutzt. Die Lokomotiven der Baureihe 78 im Bild rechts (Foto Rotthowe) waren nun allerdings in erster Linie als Hauptbahnmaschinen gebaut. Ihre Vielseitigkeit und besonders die Auswirkungen des Strukturwandels lassen sie heute auf vielen Nebenstrecken erscheinen, wo sie fleißig pfeifen und bimmeln müssen. Unser Bild zeigt eine 78er des Bw Gronau mit Personenzug Münster—Coesfeld bei der Ausfahrt aus Billerbeck. Im Hintergrund der Billerbecker Dom.

Bodenlose Frechheit.

„Herr Kondukteur, ist etwas geschehen? . . Warum hält der Zug?" — „Die zwei Bauernlack'l da drob'n hab'n uns in den Rauchfang g'spuckt, und da is uns 's Feuer aus'gangen!"

Liebe alte Bimmelbahn

Wenn wir die Blätter dieses Buches noch einmal durch die Finger gleiten lassen, so drängt sich in uns immer stärker die Erkenntnis auf, daß hier abermals ein Kapitel Geschichte abgeschlossen wurde, das uns bisher so lebendig war, daß wir gar nicht spürten, wie schnell es aus der Gegenwart in die Vergangenheit geglitten ist. Die alte Bimmelbahn liegt im Sterben, die Gleise werden abgebaut oder wachsen zu, die Fahrzeuge werden dem Schrott zugeführt, die alten Eisenbahner sind pensioniert worden, die Jungen haben meist die blaue Kluft gänzlich an den Nagel gehängt. Ein moderner Autobus braust die Chaussee entlang, dort, wo nebendran vor nicht langer Zeit noch das Bähnlein über die Schienen holperte und sein Lokomotivführer gemütlich aus dem Fenster schaute, überlegend, ob er wohl die Birnen in seinem Garten hinter dem Heizhaus schon am Feierabend abnehmen oder noch ein paar Tage hängen lassen sollte.

Es war eine andere Welt, die der Bimmelbahn, eine einfache, bescheidene, nach heutigen Begriffen armselige Welt. Die Bezahlung des Bahnpersonals war schlecht, der Dienst lang und doch — worin liegt nur das Geheimnis? — ein Hauch von Zufriedenheit, von Beschaulichkeit umgab die Kleinbahn. Im Stall hinter dem Haus des Zugführers grunzte ein Schwein, und das Schlachtfest im Dezember wurde von allen Kollegen mit Metzelsuppe, Wellfleisch und Kümmel festlich begangen. Hühner gackerten im Hof, der Garten stand voller Obstbäume, und Gemüse wurde selbst gezogen. Es war die von Gott kommende Geruhsamkeit, die Haus, Familie und Beruf einschloß. Und trotz dieser Ruhe und Bedächtigkeit herrschte peinliche Ordnung auf den privaten Kleinbahnen und eine Sauberkeit, an der sich manchmal die große Schwester Staatsbahn ein Beispiel nehmen konnte. Es war eine Mini-Welt, eine kleine, noch heile Welt, die der Kleinbahn.

Generationen von Eisenbahnern sind bei der Kleinbahn alt geworden, Lokführer, Heizer, Schaffner, Bahnhofspersonal, Schuppen- und Gleisbaumänner. Sie nahmen in der dörflichen Gemeinschaft einen gewichtigen Rang ein und trugen ein neues Standesbewußtsein in die bäuerliche Welt, das des Maschinisten. Was gilt heute schon ein Maschinist? Noch dazu einer, der mit Dampfmaschinen umgeht?

So schließen wir die letzten Blätter dieses Buches mit ein wenig Wehmut, daß aller Fortschritt dieser Zeit mit so viel Rückschritten im menschlichen Bereich erkauft werden muß, und ein wenig Zufriedenheit, daß wir sie noch erleben durften, die alte Bimmelbahn. Gleichsam als Lieder ohne Worte sollen einige schöne Bilder diesen Band beschließen und als Finale ausklingen lassen. Sie stammen von den Fotografen Illner (S. 178), Tausche (S. 184/185), Heimhuber (S. 188) und Rotthowe (übrige Bilder). Sie möchten sich alle einzeln verabschieden, das Bimmelbahnel, die Billige, die Bergige, die Vizinale, die Nebenbahnähnliche, die Bessere und die Staatliche, eine jede will zum Schluß noch einmal an dieses schönste, weil ungetrübteste, Kapitel Verkehrsgeschichte erinnern — das unserer lieben alten Bimmelbahn.

99 785

Unt. 30.11.56

204
KN
LOKOMOTIVFABRIK
KRAUSS
8367. MÜNCHEN 1926.
Gew. Lok 64 t
Br. Gew. P 64 t
G 45 t
Wasser 8 m3
Kohle 3,5 t

LP

Verzeichnis der deutschen privaten Neben- und Kleinbahnen

Das Verzeichnis soll einen Überblick über Anzahl, Sitz und Eigentumsverhältnisse der deutschen Kleinbahnen bieten und entspricht dem Stand etwa gegen Ende der zwanziger Jahre. Auf fast allen Bahnen — soweit sie noch bestehen — wurde inzwischen der Dampfbetrieb eingestellt. Die in Mittel- und Ostdeutschland gelegenen Bahnen wurden nach 1945 verstaatlicht. N = Normalspur, S = Schmalspur.

Name	Spur	Sitz der Betriebsleitung	Eigentümer
Aachener Kleinbahn	S	Aachen	Aachener Klb.-Ges. u. Rhein. Elektr. u. Kleinbahn AG Aachen
Achern-Ottenhöfener Nebenbahn	N	Karlsruhe	Deutsche Eisenb.-Betr.-Ges. AG, Berlin
Albtalbahn	S	Karlsruhe	Badische Lokaleisenbahn AG
Alt Landsberger Kleinbahn	N	Alt Landsberg (Kr. Niederbarnim)	Alt Landsberger Klb. AG Berlin
Altmärkische Kleinbahn (Klötze—Vinzelberg)	N	Calbe a. Milde	Kleinbahnabt. d. Prov.-Verw. Sachsen, Merseburg
Altona-Kaltenkirchen-Neumünster Eisenbahn	N	Altona	Eisenb.-Ges. Altona-Kaltenk.-Neumünster
Kleinbahn Altrahlstedt—Volksdorf	N	Volksdorf	Elektr. Kleinb. Altrahlst.-Volksd. AG
Amrumer Inselbahn	S	Wittdün a. Amrum	Amrumer Inselbahn AG
Kleinbahn Amstetten—Gerstetten	N	Gerstetten	Württ. Eisenb.-Ges. Stuttgart
Kleinbahn Amstetten—Laichingen	S	Laichingen	Württ. Eisenb.-Ges. Stuttgart
Anklam-Lassaner Kleinbahnen	S	Greifswald	Vereinigung vorpommerscher Kleinbahnen Stralsund
Arnstadt-Ichtershausener Eisenbahn	N	Arnstadt (Thür.)	Süddeutsche Eisenbahn-Ges. AG
Aschersleben-Schneidlingen-Nienhagener Kleinbahn	N	Aschersleben	Allgem. Deutsche Eisenb.-Betr.-Ges. Berlin
Augsburger Localbahn	N	Augsburg	Augsburger Localbahn
Bad Orber Kleinbahn	N	Wächtersbach	Bad Orber Kleinbahn AG
Kleinbahn Barmen—Loh—Hatzfeld	N	Barmen (Wuppertal-)	Barmer Straßenbahn
Barmer Bergbahn	S	Ronsdorf (Wuppertal-)	Barmer Bergbahn AG
Kleinbahn Bebitz—Alsleben	N	Alsleben a. d. Saale	Klb. Bebitz-Alsleben, Merseburg
Kleinbahn Beeskow—Fürstenwalde	N	Müncheberg (Mark)	Landesverkehrsdir. Brandenburg, Berlin
Bentheimer Eisenbahn	N	Bentheim Nord	Bentheimer Eisenb. Bentheim
Bergedorf-Geesthachter Eisenb.	N	Bergedorf (Hamburg-)	Bergedorf-Geesthachter Eb. AG
Kleinbahn Bergwitz—Kemberg	N	Kemberg (Bez. Halle)	Kleinb. Bergwitz-Kemberg GmbH Merseburg
Kleinbahn Bersenbrück—Ankum	N	Oldenburg	RBD Oldenburg
Kleinbahn Beuel—Großenbusch	N	Beuel b. Bonn	AG für Bahn-Bau u. -Betrieb, Frankf./M.
Biberach-Oberharmersbacher Nebenbahn	N	Karlsruhe	Deutsche Eisenbahn-Betriebs-Ges. AG Berlin
Bielefelder Kreisbahnen	S	Herford i. W.	Bielefelder Kreisb. u. Herforder Kleinb.
Kleinbahn Bielstein—Waldbröl	N	Nümbrecht (Bez. Köln)	Eisenbahnbau-Gesellsch. Becker & Co. GmbH, Berlin
Billwärder Industriebahn	N	Billbrook (Hamburg-)	Bergedorf-Geesthachter Eb. AG
Binger Nebenbahnen	N	Büdesheim, Krs. Bingen	Binger Nebenb. AG Wiesbaden
Kleinbahn Bismark—Gardelegen—Wittingen	N	Calbe a. d. Milde	Kleinbahnabt. d. Prov. Sachsen, Merseburg
Bleckeder Kleinbahn	S	Lüneburg	Landeskleinbahnamt d. Prov. Hannover
Borkumer Kleinbahn	S	Borkum	Borkumer Kleinb. u. Dampfschiffahrts-AG Borkum
Kleinbahn Bossel—Blankenstein	N	Blankenstein/Ruhr	Kleinb. Bossel-Blankenstein GmbH Sprockhövel i. Westf.

Name	Spur	Sitz der Betriebsleitung	Eigentümer
Brandenburgische Städtebahn	N	Brandenburg/Havel	Brandenburgische Städtebahn AG Berlin (Landesverkehrsdirektion)
Braunschweigische Landeseisenbahn	N	Braunschweig-Nord	Braunschw.-Landeseisenb. Ges.
Braunschweig-Schöninger Eisenbahn	N	Braunschweig	Braunschw.-Schöning. Eisenb.
Bregtalbahn (Donaueschingen—Furtwangen)	N	Furtwangen (Baden)	Süddeutsche Eisenb.-Ges. Darmstadt
Kleinbahn Bremen—Tarmstedt	S	Bremen	Bremisch-Hannoversche Kleinbahn AG, Frankfurt/M.
Kleinbahn Bremen—Thedinghausen	N	Bremen	Bremisch-Hannoversche Kleinbahn AG, Frankfurt/M.
Kleinbahn Bremervörde—Osterholz	N	Bremervörde	Landeskleinbahnamt d. Prov. Hannover
Breslau-Trebnitz-Prausnitzer Kleinbahn	S	Breslau	Allgemeine Deutsche Eisenbahn-Betriebsgesellschaft Berlin
Brohltal-Eisenbahn	S	Brohl/Rhein	Brohltal-Eisenbahn
Bruchsal-Hilsbach-Menzingener Eisenbahn	N	Karlsruhe	Badische Lokaleisenbahnen AG
Buckower Kleinbahn	S	Müncheberg (Mark)	Landesverkehrsdirektion Brandenburg
Bühlertalbahn	N	Karlsruhe	Badische Lokaleisenbahnen AG
Bunzlauer Kleinbahn	N	Bunzlau	Lenz & Co. Berlin, Betr. Abt. Breslau
Burgdorfer Kreisbahnen	N	Hänigsen b. Burgdorf/Hann.	Burgdorfer Kreisbahnen GmbH, Hannover
Kleinbahn Burxdorf—Mühlberg	N	Mühlberg/Elbe	Kleinbahn AG Burxdorf—Mühlberg
Butjadinger Bahn	N	Nordenham (Oldenbg.)	Amtsvorstand von Butjadingen
Buttstädt-Rastenberger Eisenbahn	N	Weimar	Centralverw. f. Sekundärbahnen H. Bachstein, Berlin
Butzbach-Licher Eisenbahn	N	Butzbach Ost	Lenz & Co. GmbH, Berlin
Kleinbahn Camenz—Reichenstein	N	Reichenstein (Schlesien)	Kleinbahn Camenz-Reichenstein
Kleinbahn Casekow—Penkun—Oder	N	Pommerenzdorf b. Stettin	Vereinigung d. mittelpommerschen Kleinbahnen, Stettin
Kleinbahnen Celle—Soltau, Celle—Munster	N	Celle	Kleinbahnen Celle-Soltau, Celle-Munster GmbH, Celle
Kleinbahn Celle—Wittingen	N	Celle	Kleinbahn Celle-Wittingen AG
Kleinbahn Chottschow—Garzigar	N	Chottschow, Kr. Lauenburg (Pommern)	Lenz & Co., Betr. Abt. Berlin
Cloppenburger Kleinbahn	S	Cloppenburg	Bahnverband Cloppenburg
Crefelder (Krefelder) Eisenbahn	N	Krefeld	Krefelder Eisenbahn
Crostitzer Kleinbahn	N	Crostitz, Krs. Delitzsch	Crostitzer Kleinbahn AG, Merseburg,
Kleinbahn Cüstrin—Hammer	N	Sonnenburg (Neumark)	Kleinbahn AG Cüstrin-H., Berlin
Dahme-Uckro'er Eisenbahn	N	Dahme (Mark)	Eisenbahn Dahme-Uckro
Lokalbahn Deggendorf—Metten	N	Metten	Lokalbahn AG Gotteszell-Viechtach
Kleinbahn Delmenhorst—Harpstedt	N	Harpstedt	Landeskleinbahnamt d. Prov. Hannover
Demminer Kleinbahnen Ost	S	Demmin	Vereinigung vorpommerscher Kleinbahnen, Stralsund
Demminer Kleinbahnen West	S	Demmin	Vereinigung vorpommerscher Kleinbahnen, Stralsund
Dessau-Radegast-Cöthener Bahn	S	Radegast (Anhalt)	Allgem. Deutsche Eisenbahn-Betriebsgesellschaft Berlin
Dessau-Wörlitzer Eisenbahn	N	Dessau	Anhaltische Landes-Eisenbahngemeinschaft Dessau
Kleinbahn Deutsch Krone—Virchow	N	Deutsch Krone West	Lenz & Co., Betr. Abt. Berlin
Dortmunder Kleinbahn	N	Dortmund	Städtische Hafenverwaltung
Dürener Dampfstraßenbahn	N	Düren (Rhld.)	Dürener Dampfstraßenbahn AG
Kleinbahn Durmersheim—Karlsruhe	N	Karlsruhe	Städtisches Bahnamt
Eberswalde-Schöpfurther Eisenbahn	N	Heegermühle (Finowtal)	AG f. Bahnbau u. -Betrieb, Frankfurt/M.
Kreisbahn Eckernförde—Kappeln	S	Eckernförde	Eckernförder Kreisbahnen
Kreisbahn Eckernförde—Owschlag	S	Eckernförde	Eckernförder Kreisbahnen
Kleinbahn Ebingen—Onstmettingen	N	Tailfingen	Württemb. Eisenb.-Ges. Stuttgart
Eisern-Siegener Eisenbahn	N	Siegen	Eisern-Siegener Eisenbahn-Gesellschaft
Kleinbahn Ellrich—Zorge	N	Ellrich (Harz)	Provinzialverwaltung Merseburg
Elmshorn-Barmstedt-Oldesloer Eisenbahn	N	Elmshorn	Elmsh.-Barmst.-Oldesl. Eisenbahn AG
Kleinbahn Emden—Pewsum—Greetsiel	S	Emden	Landkreis Emden, Kreisbahn

Name	Spur	Sitz der Betriebsleitung	Eigentümer
Kleinbahn Engelskirchen—Marienheide	S	Engelskirchen	Westdeutsche Eisenb.-Ges. Köln
Kleinbahn Erfurt—Nottleben	N	Erfurt West	Kleinbahn AG Erfurt-Nottleben
Esperstedt-Oldislebener Eisenbahn	N	Weimar	Centralverwaltung f. Sekundärbahnen H. Bachstein, Berlin
Eulengebirgsbahn	N	Reichenbach (Schlesien)	Lenz & Co., Betr. Abt. Breslau
Euskirchener Kreisbahnen	S	Wichterich b. Euskirchen	Westdeutsche Eisenbahn-Ges. Köln
Eutin-Lübecker Eisenbahn	N	Lübeck	Eutin-Lübecker Eisenbahn-Gesellsch.
Farge-Vegesacker Eisenbahn	N	Farge	Allgem. Deutsche Eisenb.-Betriebsgesellschaft, Berlin
Kleinbahn Farge—Wulsdorf	N	Wesermünde-Wulsdorf	Landeskleinbahnamt d. Prov. Hannover
Filderbahn	S	Stuttgart	Stuttgarter Straßenbahn AG
Fischhausener Kreisbahn	N	Königsberg (Pr.)	Ostdeutsche Eisenb.-Gesellsch. Königsberg
Flensburger Kreisbahn	S	Flensburg	Landkreis Flensburg
Forster Stadteisenbahn	S	Forst (Lausitz)	Forster Stadteisenbahn
Frankenstein-Münsterberg-Nimptscher Kreisbahn	N	Frankenstein (Schlesien)	Lenz & Co., Betr. Abt. Breslau
Frankfurter Lokalbahn	N	Oberursel (Taunus)	Frankfurter Lokalbahn AG
Franzburger Kreisbahnen	S	Barth (Vorpommern)	Vereinigung vorpommerscher Kleinbahnen, Stralsund
Franzburger Südbahn	N	Tribsees	Vereinigung vorpommerscher Kleinbahnen, Stralsund
Freien Grunder Eisenbahn	N	Neunkirchen, Bez. Arnsberg	AG f. Bahnbau u. -Betrieb, Frankfurt/M.
Freigerichter Kleinbahn	N	Wächtersbach	Freigerichter Kleinbahn AG
Friedeberger Kleinbahn	N	Friedeberg/Neumark	Landesverkehrsdirektion Brandenburg, Berlin
Kleinbahn Friedeberg—Alt Libbehne	N	Friedeberg/Neumark	Landesverkehrsdirektion Brandenburg, Berlin
Kleinbahn Gaildorf—Untergröningen	N	Untergröningen	Württemb. Eisenb.-Ges. Stuttgart
Kleinbahn Gardelegen—Neuhaldensleben—Weferlingen	N	Neuhaldensleben	Kleinbahn-AG Gardel.-Neuhald.-Weferl.
Geilenkirchener Kreisbahn	S	Geilenkirchen	Westdeutsche Eisenbahn-Gesellsch.
Geldernsche Kreisbahn	S	Straelen, Krs. Geldern	Geldernsche Kreisbahn
Kleinbahn Genthin—Milow	N	Genthin	Kleinbahn AG Genthin-Ziesar
Kleinbahn Genthin—Schönhausen	N	Genthin	Kleinbahn AG Genthin-Ziesar
Georgsmarienhütten-Eisenbahn	N	Georgsmarienhütte	Georgsmarienhütten Eisenbahn
Gera-Meuselwitz-Wuitzer Eisenbahn	S	Gera	Gera-Meuselw.-Wuitzer Eisenb. AG
Gernrode-Harzgeroder Eisenbahn	S	Gernrode (Harz)	Anhaltische Landeseisenbahngemeinschaft, Dessau
Kleinbahn Gießen—Bieber (Biebertalbahn)	S	Gießen	Allgem. Deutsche Eisenb.-Betriebsgesellsch. Berlin
Kleinbahn Gittelde—Grund	N	St. Andreasberg/Harz	Landeskleinbahnamt Prov. Hannover
Kleinbahn Gleiwitz—Rauden—Ratibor	N	Gleiwitz	Oberschlesische Überlandbahnen GmbH
Görlitzer Kreisbahn	N	Görlitz	Lenz & Co., Betr. Abt. Breslau
Göttinger Kleinbahn	S	Rittmarshausen	Lenz & Co., Betr. Abt. Altona
Kleinbahn Goldbeck—Werben	N	Werben (Elbe)	Lenz & Co., Betr. Abt. Halle
Kleinbahn Gommern—Pretzien	N	Pretzien (Elbe)	Kleinbahn u. Kraftwerk Pretzien
Lokalbahn-AG Gotteszell—Viechtach—Blaibach	N	Viechtach	Lokalbahn-AG Gotteszell-Viecht.-Blaib.
Greifenberger Kleinbahn	S	Greifenberg/Pommern	Vereinigung hinterpommerscher Kleinbahnen, Stettin
Greifenhagener Kreisbahnen	N	Greifenhagen/Pommern	Vereinigung der mittelpommerschen Kleinbahnen, Stettin
Greifswald-Grimmener Eisenbahn	N	Tribsees/Mecklenb.	Lenz & Co., Berlin
Greifswald-Jarmener Kleinbahnen	S	Greifswald	Vereinigung vorpommerscher Kleinbahnen, Stralsund
Kleinbahn Greifswald—Wolgast	S	Greifswald	Vereinigung vorpommerscher Kleinbahnen, Stralsund
Greußen-Ebeleben-Keulaer Eisenbahn	N	Weimar	Centralverw. f. Sekundärbahnen (H. Bachstein), Berlin
Kleinbahn Grifte—Gudensberg	N	Kassel (RBD)	Grifte-Gudensb.-Kleinbahn-AG

Name	Spur	Sitz der Betriebsleitung	Eigentümer
Kleinbahn Großilsede—Broistedt	N	Großilsede (Hann.)	Eisenbahnverw. d. Ilseder Hütte
Kleinbahn Groß Peterwitz—Katscher	N	Katscher (Krs. Leobschütz)	Allgem. Dt. Eisenb.-Betr.-Gesellsch., Berlin
Kleinbahn Groß Raum—Ellerkrug	N	Königsberg (Pr.)	Kleinb.-Gesellsch. Groß Raum-Ellerkrug
Kleinbahn Großwusterwitz—Ziesar—Görzke	N	Genthin	Kleinb.-AG Genthin-Ziesar
Kleinbahn Grünberg—Sprottau	N	Grünberg (Schles.)	Lenz & Co., Betr. Abt. Breslau
Kleinbahn Güsen—Jerichow	N	Genthin	Kleinb.-AG Genthin-Ziesar
Gummersbacher Kleinbahn	N	Niederseßmar	AG f. Bahnbau u. -Betrieb, Frankfurt/M.
Kleinbahn Guttentag—Vossowska	N	Guttentag (Oberschles.)	Lenz & Co., Betr. Abt. Breslau
Härtsfeldbahn (Aalen—Neresheim—Dillingen)	S	Neresheim	Württembergische Nebenbahnen, Stuttgart
Hafenbetriebsgesellschaft Wanne-Herne mbH	N	Wanne-Eickel	Hafenbetr.-Gesellsch. Wanne-Herne mbH
Haffuferbahn	N	Elbing	Ostdeutsche Eisenb.-Ges. Königsberg
Halberstadt-Blankenburger Eisenbahn	N	Blankenburg (Harz)	Halberst.-Blankenb. Eisenb.-Gesellsch.
Halle-Hettstedter Eisenbahn	N	Halle (S)	Lenz & Co., Betr. Abt. Halle
Haltingen-Kanderner Nebenbahn	N	Kandern (Schwarzw.)	Dt. Eisenb.-Betr.-Gesellsch. AG, Berlin
Hamburger Marschbahn	N	Bergedorf	Bergedorf-Geesthachter Eb. AG Hamburg
Hanauer Kleinbahnen	N	Hanau	Hanauer Kleinbahn-AG
Hansdorf-Priebus-Lichtenberger Eisenbahn	N	Priebus (Krs. Sagan)	Lausitzer Eisenb.-Gesellsch., Sommerfeld
Kleinbahn Haspe—Voerde-Breckerfeld	S	Hagen/Westf.	Hagener Straßenbahn
Kleinbahn Hausdorf—Wüstewaltersdorf	N	Wüstewaltersdorf, Bez. Breslau	Wüstewaltersdorfer Kleinbahn-AG
Heisterbacher Talbahn	S	Niederdollendorf/Rh.	Rhein-Sieg Eisenb. AG, Beuel
Herforder Kleinbahnen	S	Herford i. W.	Bielefelder Kreisb. u. Herforder Kleinb.
Herkulesbahn	S	Kassel	Herkulesbahn AG
Hersfelder Kreisbahn	N	Hersfeld	Kreisausschuß Hersfeld
Hespertalbahn	N	Fischlaken b. Werden (Ruhr)	Gewerkschaft Stolberg, Essen
Hetzbach-Beerfeldener Eisenbahn	N	Beerfelden (Odenwald)	Süddeutsche Eisenb. AG, Darmstadt
Kleinbahn Heudeber—Mattierzoll	N	Hessen (Braunschw.)	Kleinb-Heudeb.-Mattierz., Merseburg
Hildesheim-Peiner Kreiseisenbahn	N	Hohenhameln	Allgem. Dt. Eisenb.-Betr.-Ges., Berlin
Kleinbahn Höchst—Königstein	N	Königstein i. Ts.	Kleinb. AG Höchst-Königst., Frankfurt/M.
Höxtersche Kleinbahn	N	Höxter i. W.	AG f. Bahnbau u. -Betrieb, Frankfurt/M.
Hohenebra-Ebelebener Eisenbahn	N	Weimar	Centralverw. f. Sekundärbahnen (H. Bachstein), Berlin
Hohenlimburger Kleinbahn	N	Hohenlimburg	Hohenlimburger Kleinb.-Gesellsch.
Hohenzollerische Landesbahn	N	Hechingen	Hohenzoll. Landesbahn AG, Sigmaringen
Holländische Eisenbahn-Gesellsch.	N	Utrecht	Generaldirektion d. Niederl. Eisenb.
Kleinbahn Horka—Rothenburg—Priebus	N	Rothenburg (Lausitz)	Kleinbahn Horka-Rothenb.-Pr. AG
Hoyaer Eisenbahn-Gesellschaft	N	Hoya/Weser	Hoyaer Eisenbahn-Gesellschaft
Kleinbahn Hoya—Syke—Asendorf	S	Hoya/Weser	Landeskleinbahnamt d. Prov. Hannover
Hümmlinger Kreisbahn	S	Werlte i. Hann.	Kreiskommission
Kleinbahn Ihrhove—Westrhauderfehn	N	Westrhauderfehn	Kleinb. Ihrhove-Westrhauderf. GmbH
Ilmebahn-Gesellschaft Dassel	N	Einbeck	Ilmebahn-Gesellschaft
Ilmenau-Großbreitenbacher Eisenbahn	N	Gehren (Thür.)	Süddeutsche Eisenb.-Ges. AG, Darmstadt
Industriebahn Tegel—Friedrichsfelde	N	Berlin	Magerviehhof
Insterburger Kleinbahnen	S	Insterburg (Ostpr.)	Ostdeutsch. Eisenb.-Gesellsch., Königsberg
Isergebirgsbahn	N	Bad Flinsberg	Eisenbahnbau-Gesellsch., Becker & Co., Berlin
Kleinbahn Isselburg—Anholt—Landesgrenze	S	Doetinchen (Holland)	Geldersche Stoomtramweg-Maatschappij
Kleinbahn Jagstfeld—Ohrnberg	N	Neuenstadt (Kocher)	Württemb. Eisenb.-Ges., Stuttgart
Kleinbahn Jauer—Maltsch	N	Maltsch (Schlesien)	Lenz & Co., Betr. Abt. Breslau
Jülicher Kreisbahn	N	Geilenkirchen	Westdeutsche Eisenb.-Ges., Köln
Jüterbog-Luckenwalder Kreiskleinbahnen	S	Dahme (Mark)	Landesverkehrsdirektion Brandenburg, Berlin
Lokalbahn Kahl—Schöllkrippen	N	Schöllkrippen (Ufr.)	Kahlgrund-Eisenbahn AG

Name	Spur	Sitz der Betriebsleitung	Eigentümer
Kaiserstuhlbahn (Breisach—Riegel, Riegel—Gottenheim)	N	Endingen (Baden)	Süddeutsche Eisenb.-Ges., Darmstadt
Kleinbahn Kaldenkirchen—Brüggen	N	Kaldenkirchen	AG f. Bahnbau u. -Betrieb, Frankfurt/M.
Kleinbahn Kassel—Naumburg	N	Kassel-Wilhelmshöhe	AG f. Bahnbau u. -Betrieb, Frankfurt/M.
Kehdinger Kreisbahn	S	Freiburg (Elbe) Bez. Hamburg	Kehdinger Kreisbahn
Kehl-Altenheim-Offenburg-Ottenheimer Nebenbahn	S	Kehl	Mittelbadische Eisenbahnen AG, Kehl
Kehl-Bühler Nebenbahn	S	Kehl	Mittelbadische Eisenbahnen AG, Kehl
Kerkerbachbahn	S	Kerkerbach b. Runkel (Lahn)	Kerkerbachbahn AG
Kieler Hafenbahn	N	Kiel-Neumühlen-Dietrichsdf.	Kieler Hafenbahn AG
Kleinbahn Kiel—Schönberg	N	Kiel-Gaarden	Lenz & Co., Betr. Abt. Altona
Kleinbahn Kiel—Segeberg	N	Kiel-Gaarden	Lenz & Co., Betr. Abt. Altona
Kleinbahn Kirchbarkau—Preetz—Lütjenburg	N	Preetz	Allgem. Dt. Eisenbahn-Betriebsges., Berlin
Kleinbahn d. Stadt Koblenz	N	Koblenz	Hafen- und Werftbahnamt
Kleinbahn Klockow—Pasewalk	S	Pasewalk	Zweckverband Kleinb. Klockow-Pasewalk
Köln-Bonner Eisenbahnen	N	Köln	Köln-Bonner Eisenbahnen
Köln-Frechen-Benzelrather Eisenbahn	N	Köln	Köln-Frechen-Benzelrather Eisenb.
Kleinbahn Köln—Deutz—Zündorf	N	Köln	Köln-Frechen-Benzelrather Eisenb.
Königsberg-Cranzer Eisenbahn	N	Königsberg (Pr.)	Königsberg-Cranzer Eisenbahn-Ges.
Königsberger Kleinbahn	S	Königsberg (Pr.)	Ostdeutsche Eisenbahn-Ges., Königsberg
Königswusterhausen—Mittenwalde—Töpchiner Kleinbahn	N	Königswusterhausen	Vering & Waechter, Berlin
Kleinbahn Könnern--Rothenburg	N	Rothenburg (Saale)	Kleinbahn Könn.-Rothbg., Merseburg
Kleinbahn Köslin—Bublitz—Belgard	S	Köslin (Pommern)	Kleinbahnen Köslin-Bublitz-Belgard
Kleinbahn Kohlfurt—Rothwasser	N	Rothwasser (Ob.-Lausitz)	Lenz & Co., Betr. Abt. Breslau
Kolberger Kleinbahnen	S	Kolberg	Vereinigung hinterpommerscher Kleinbahnen, Stettin
Strohgäubahn Korntal—Weissach	N	Weissach	Württemb. Nebenbahnen, Stuttgart
Krefelder Straßenbahn	N	Krefeld	Krefelder Straßenbahn AG
Krefelder Hafenbahn	N	Krefeld-Linn	Hafenamt Krefeld
Kreis Altenaer Eisenbahn	S	Lüdenscheid	Kreis Altenaer Eisenbahn
Kreisbahn Norderdithmarschen	S	Heide (Holst.)	Kreisbahn Norderdithmarschen
Kleinbahn Kreis Jerichow I	S	Burg b. Magdeburg	Kleinbahnen d. Kreises Jerichow I
Kreis Oldenburger Eisenbahn	N	Neustadt i. Holst.	Elmsh.-Barmst.-Oldesloer Eb. AG
Kreis Oldenburger Kleinbahn	N	Neustadt i. Holst.	Elmsh.-Barmst.-Oldesloer Eb. AG
Kreuznacher Kleinbahnen	S	Bad Kreuznach	Westdeutsche Eisenb.-Ges., Köln
Kleinbahn Kreuznach—Sprendlingen—St. Johann	N	Bad Kreuznach	Städt. Betriebs- u. Verk.-Ges. Bad Kreuznach
Kleinbahn Kreuz—Schloppe—Deutsch-Krone	N	Deutsch-Krone	Eisenbahnbau-Ges. Becker & Co., Berlin
Krozingen-Münstertal-Sulzburger Nebenbahn	N	Krozingen	Dt. Eisenb.-Betr.-Ges., Berlin
Kyffhäuser Kleinbahn	N	Kelbra a. Kyffh.	Kyffhäuser Kleinb. AG
Lokalbahn Lam—Kötzting	N	Lam (Nd. Bay.)	Lokalbahn Lam-Kötzting AG
Kleinbahn Langenfeld—Monheim—Hitdorf—Rheindorf/Baumberg	N	Langenfeld	RWE, Abt. Bahnen, Essen
Langensalzaer Kleinbahn	N	Langensalza	Langensalzaer Klb., Merseburg
Kleinbahn Leer—Aurich—Wittmund	S	Aurich	Kreisbahn Leer-Aur.-Wittm. GmbH
Lehniner Kleinbahn	N	Lehnin (Mark)	Landesverkehrsdir. Brandenburg, Berlin
Liegnitz-Rawitscher Eisenbahn	N	Liegnitz	Liegn.-Raw.-Eisenb., Breslau
Kleinbahn Lingen—Berge—Quakenbrück	S	Lingen (Ems)	Kleinb. Lingen-Berge-Quakenbr. GmbH
Lissa-Guhrau-Steinauer Kleinbahn	N	Liegnitz	Lenz & Co., Betr. Abt. Breslau
Kleinbahn Lohne-Dinklage	N	Oldenburg	RBD Oldenburg
Kleinbahn Loitz—Toitz-Rustow	N	Stettin (RBD)	Kreisausschuß Grimmen
Lokalbahn Sonthofen—Oberstdorf	N	Oberstdorf	Lokalbahn AG, München
Lokalbahn Markt Oberdorf—Füssen	N	Füssen	Lokalbahn AG, München
Lokalbahn Stadtamhof—Donaustauf—Wörth (Walhallabahn)	S	Donaustauf	Lokalbahn AG, München
Lokalbahn Fürth—Zirndorf—Cadolzburg	N	Fürth i. Bay.	Lokalbahn AG, München

Name	Spur	Sitz der Betriebsleitung	Eigentümer
Lokalbahn München—Wolfratshausen—Bichl (Isartalbahn)	N	München-Thalkirchen	Lokalbahn AG, München
Lokalbahn Bad Aibling—Feilnbach	N	Bad Aibling	Lokalbahn AG, München
Lokalbahn Murnau—Oberammergau	N	Murnau	Lokalbahn AG, München
Lokalbahn Türkheim Bf.—Bad Wörishofen	N	Bad Wörishofen	Lokalbahn AG, München
Lokalbahn Meckenbeuren—Tettnang	N	Tettnang	Lokalbahn AG, München
Lokalbahn Niederbiegen—Baienfurt—Weingarten	N	Weingarten i. W.	Lokalbahn AG, München
Lokahlbahn Ravensburg—Weingarten—Baienfurt	N	Weingarten i. W.	Lokalbahn AG, München
Lübeck-Büchener Eisenbahn	N	Lübeck	Lübeck-Büchener Eisenb.-Gesellschaft
Kleinbahn Lübeck—Segeberg	N	Lübeck	Lübeck-Büchener Eisenb.-Gesellschaft
Kleinbahn Lüben—Kotzenau	N	Lüben (Schlesien)	Kleinb. Lüben-Kotzenau, Berlin
Kleinbahn Lüchow—Schmarsau	N	Lüchow	Landeskleinbahnamt Prov. Hannover
Kleinbahn Lüneburg—Soltau	N	Lüneburg	Landeskleinbahnamt Prov. Hannover
Lycker Kleinbahnen	S	Lyck (Ostpr.)	Ostdeutsche Eisenb.-Ges., Königsberg
Marburger Kreisbahn	N	Marburg	Marburger Kreisbahn
Kleinbahn Marienborn—Beendorf	N	Beendorf b. Helmstedt	Marienborn-Beendf.-Kleinb.-Gesellsch.
Kleinbahn Marienburg (Hann.)—Kalischacht Hildesia	N	Diekholzen b. Hildesheim	Gewerkschaft Hildesia
Marienwerder Kleinbahnen	S	Mareese b. Marienwerder	Ostdeutsche Eisenbahn-Ges., Königsberg
Mecklenburgische Friedrich-Wilhelm-Eisenbahn	N	Neustrelitz	Meckl. Fr.-Wilh.-Eisenb.-Gesellsch.
Mecklenburg-Pommersche Schmalspurbahn	S	Friedland (Meckl.)	Meckl.-Pomm. Schmalsp.-Bahn
Meppen-Haselünner Eisenbahn	N	Meppen	Meppen-Haselünner Eb.
Kleinbahn Merzig—Büschfeld	N	Merzig (Saar)	Kleinb. Merzig-Büschfeld GmbH.
Mindener Kreisbahnen	S	Minden (Westf.)	Mindener Kreisbahnen
Möckmühl-Dörzbacher Nebenbahn (Jagsttalbahn)	S	Dörzbach	Dt. Eisenb.-Betr.-Ges., Berlin
Mörser Kreisbahnen	N	Mörs	Mörser Kreisbahnen
Mosbach-Mudauer Nebenbahn	S	Karlsruhe	Dt. Eisenb.-Betr.-Ges., Berlin
Moseltalbahn Trier—Bullay	N	Trier	Moselbahn AG
Mühlhausen-Ebelebener Eisenbahn	N	Schlotheim i. Thür.	Eisenb.-Ges. Mühlh.-Ebel., Halle (S)
Kleinbahn Mülheim (Rh)—Leverkusen	N	Leverkusen	I.-G. Farbenind., Leverkusen
Müllheim-Badenweiler Lokalbahn	N	Badenweiler	Müllh.-Badenweiler Eisenb. AG
Müncheberger Kleinbahn	N	Müncheberg (Mark)	Landesverkehrsdirektion Brandenburg, Berlin
Muskau-Teuplitz-Sommerfelder Eisenbahn	S	Teuplitz (Krs. Sorau)	Lausitzer Eisenb.-Ges., Sommerfeld
Nassauische Kleinbahn	S	Nastätten (Taunus)	Allgem. Dt. Eisenb.-Betr.-Ges., Berlin
Nauendorf-Gerlebogker Eisenbahn	N	Löbejün (Saalkreis)	Lenz & Co., Betr. Abt. Halle
Kleinbahn Nauen—Ketzin	N	Ketzin a. d. Havel	Osthavelländische Kreisbahnen AG, Nauen
Kleinbahn Nauen—Velten—Spandau	N	Berlin-Spandau	Osthavelländische Kreisbahnen AG, Nauen
Naugarder Kleinbahnen	N	Gollnow (Pomm.)	Vereinig. d. mittelpomm. Kleinb., Stettin
Neckarbischofsheim-Hüffenhardter Eisenbahn	N	Karlsruhe	Badische Lokaleisenbahnen AG
Kleinbahn Neheim-Hüsten—Sundern	N	Hüsten	Westdeutsche Eisenb.-Ges., Köln
Neisser Kreisbahn	N	Neisse (Schlesien)	Lenz & Co., Betr. Abt. Breslau
Neubrandenburg-Friedländer Eisenbahn	N	Friedland (Mecklenb.)	Centralverw. f. Sekundärb. Hermann Bachstein, Berlin
Neuhaldensleber Eisenbahn	N	Neuhaldensleben	Neuhaldensleb. Eisenb.-Gesellsch.
Kleinbahn Neuhaus—Brahlstorf	N	Lüneburg	Landeskleinbahnamt d. Prov. Hannover
Neukölln-Mittenwalder Eisenbahn	N	Berlin-Tempelhof	Vering & Waechter, Berlin
Neustadt-Gogoliner Eisenbahn	N	Zülz (Oberschles.)	Neust.-Gogoliner Eb., Breslau
Kleinbahn Neustadt—Prüssau	N	Chottschow, Kr. Lauenburg (Pommern)	Lenz & Co., Betr. Abt. Berlin
Kleinbahn Niebüll—Dagebüll	S	Niebüll	Kleinbahnverband Niebüll—Wyk
Niederbarnimer Eisenbahn	N	Niederbarnim	Niederbarnimer Eisenb. AG, Berlin

Name	Spur	Sitz der Betriebsleitung	Eigentümer
Niederlausitzer Eisenbahn	N	Lübben (Niederlausitz)	Allgem. Dt. Eisenb.-Betr.-Ges., Berlin
Niederungsbahn	S	Neukirch (Ostpr., Kreis Niederung)	Ostdeutsche Eisenb.-Ges., Königsberg
Nordhausen-Wernigeroder Eisenbahn	S	Wernigerode	Nordh.-Werniger. Eisenb.-Gesellsch.
Kleinbahn Nürtingen—Neuffen	N	Neuffen	Württemb. Eisenb.-Ges., Stuttgart
Obereichsfelder Kleinbahn	N	Hüpstedt (Eichsfeld)	Obereichsf. Kleinb. AG, Merseburg
Oberrheinische Eisenbahn	S	Mannheim	Oberrhein. Eisenb.-Ges. AG, Mannheim
Oberschefflenz-Billigheimer Nebenbahn	N	Karlsruhe	Dt. Eisenb.-Betr.-Ges., Berlin
Oberweißbacher Bergbahn	N	Lichtenhain (Krs. Rudolstadt)	Oberweißb. Bergbahn AG
Oderbruchbahn	N	Müncheberg (Mark)	Landesverkehrsdirektion Brandenburg, Berlin
Oletzkoer Kleinbahnen	S	Marggrabowa	Ostdeutsche Eisenb.-Ges., Königsberg
Ohlauer Kleinbahn	N	Ohlau (Bez. Breslau)	Lenz & Co., Betr. Abt. Breslau
Ohmtalbahn Kirchhain—Schweinsberg	N	Kirchhain	RBD Frankfurt/M.
Kleinbahn Opladen—Lützenkirchen	N	Langenfeld	RWE, Abt. Bahnen, Essen
Orschweier-Ettenheimmünster-Nebenbahn	N	Karlsruhe	Dt. Eisenb.-Betr.-Ges., Berlin
Ortelsburger Kleinbahnen	S	Friedrichshof (Krs. Ortelsburg)	Ostdeutsche Eisen.-Ges., Königsberg
Oschersleben-Schöninger Eisenbahn	N	Braunschweig	Braunschweig-Schöninger Eisenb.
Kleinbahn Osterburg—Deutsch Pretzier	N	Osterburg (Altmark)	Kleinbahn AG Osterburg-Dt. Pretzier
Kleinbahn Osterode (Harz)—Kreiensen	S	Osterode (Harz)	Kreisbahn Osterode-Kreiensen
Osterwieck-Wasserlebener Eisenbahn	N	Osterwieck (Harz)	Centralverw. f. Sekundärbahnen Hermann Bachstein, Berlin
Osthofen-Westhofener Eisenbahn	N	Westhofen (Rheinh.)	Süddeutsche Eisenb.-Ges., Darmstadt
Ostprignitzer Kreisbahnen	S	Perleberg	Landesverkehrsdirektion Brandenburg, Berlin
Peine-Ilseder Eisenbahn	N	Großilsede (Hann.)	Ilseder Hütte
Kleinbahn Philippsheim-Binsfeld	S	Binsfeld (Eifel)	Allgem. Dt.-Eisenb.-Betr.-Ges., Berlin
Kleinbahn Piesberg-Rheine	S	Rheine i. W.	Kleinbahn Piesberg-Rheine AG
Pillkaller Kleinbahnen	S	Pillkallen (Ostpr.)	Ostdeutsche Eisenb.-Ges., Königsberg
Plettenberger Straßenbahn	S	Plettenberg i. W.	Plettenberger Straßenbahn AG
Kleinbahn Polkwitz-Raudten	N	Polkwitz (Kr. Glogau, Schlesien)	Polkwitz-Raudtener Kleinb.-Ges.
Prenzlauer Kreiskleinbahnen	N	Prenzlau (Uckermark)	Kreis Prenzlau
Kleinbahn Prettin—Annaburg	N	Prettin (Elbe), Krs. Torgau	Prettin-Annab.-Kleinb. AG, Merseburg
Prignitzer Eisenbahn	N	Perleberg	Prignitzer Eisenbahn-Gesellschaft
Pyritzer Kleinbahnen	N	Gollnow (Pommern)	Vereinig. d. mittelpomm. Kleinb., Stettin
Randower Kleinbahn	N	Neuwarp	Vereinig. d. mittelpomm. Kleinb., Stettin
Rastatt-Schwarzacher Nebenbahn	N	Kehl	Mittelbadische Eisenbahnen AG
Rastenburger Kleinbahnen	S	Rastenburg (Ostpr.)	Ostdeutsche Eisenb.-Ges. Königsberg
Kreisbahn Rathenow—Senzke—Paulinenaue—Nauen	S	Rathenow	Kreisausschuß Westhavelland
Ratzeburger Kleinbahn	N	Ratzeburg	Lenz & Co., Betr. Abt. Altona
Rauscha-Freiwaldauer Eisenbahn	N	Freiwaldau (Kr. Sagan)	Lausitzer Eisenb.-Ges., Sommerfeld
Regenwalder Kleinbahnen	S	Labes (Pommern)	Vereinigung hinterpommerscher Kleinbahnen, Stettin
Kleinbahn Rees—Empel	N	Rees (Ndrh.)	RWE, Abt. Bahnen, Essen
Reinheim-Reichelsheimer Eisenbahn	N	Reichelsheim (Odenw.)	Süddeutsche Eisenbahn AG, Darmstadt
Rendsburger Kreisbahn	S	Rendsburg	Kreisausschuß Rendsburg
Kleinbahn Rennsteig—Frauenwald	N	Frauenwald (Thür.)	Kleinb. AG Rennst.-Frauenw., Merseburg
Kleinbahn Reutlingen—Eningen—Pfullingen	N	Eningen (Achalm)	Württemb. Eisenb.-Ges., Stuttgart
Reutlingen-Gönninger Bahn	N	Reutlingen	Württemb. Eisenb.-Ges., Stuttgart
Rhein-Haardtbahn	S	Mannheim	Rhein-Haardtbahn GmbH
Rheinische Bahngesellschaft	N	Düsseldorf	Rheinische Bahngesellschaft
Rhein-Lahr-Seelbacher Nebenbahn	S	Kehl	Mittelbadische Eisenbahnen AG, Kehl
Rhein-Sieg Eisenbahn	S	Beuel	Rhein-Sieg Eisenbahn AG
Riesengebirgsbahn	N	Arnsdorf (Riesengebirge)	Allgem. Dt. Eisenb.-Betr.-Ges., Berlin
Rinteln-Stadthagener Eisenbahn	N	Rinteln (Weser)	Allgem. Dt. Eisenb.-Betr.-Ges., Berlin
Kleinbahn Rogäsen—Karow	N	Genthin	Kleinbahn AG Genthin—Ziesar
Rosenberger Kreisbahn	S	Rosenberg (Oberschlesien)	Kreisausschuß Rosenberg

Name	Spur	Sitz der Betriebsleitung	Eigentümer
Rügensche Kleinbahnen	S	Putbus	Vereinigung vorpommerscher Kleinbahnen, Stralsund
Ruhlaer Eisenbahn	N	Weimar	Centralverw. f. Sekundärbahnen Hermann Bachstein, Berlin
Kleinbahn Ruhpolding—Reit im Winkel	S	Reit im Winkl	Staatl. Waldbahn Ruhpold.—Reit i. W. (Reg. Forstkammer Oberbay.)
Ruhr-Lippe-Kleinbahnen	S	Soest (Westf.)	AG der Ruhr-Lippe-Kleinbahnen
Ruppiner Eisenbahn	N	Neuruppin	Ruppiner Eisenbahn AG
Saatziger Kleinbahnen	S	Stargard (Pommern)	Vereinig. d. mittelpommerschen Kleinbahnen, Stettin
Salzwedeler Kleinbahnen	S	Salzwedel	Landeshauptm. Prov. Sachsen, Merseburg
Samlandbahn	N	Königsberg (Pr.)	Ostdeutsche Eisenb.-Ges., Königsberg
Schaftlach—Gmund—Tegernsee Eisenbahn	N	Tegernsee (Obb.)	Eisenb.-AG Schaftl.—Gmund—Tegernsee
Kleinbahn Scheuerfeld—Nauroth	N	Bindweide b. Betzdorf (Sieg)	Kreisausschuß Altenkirchen
Kleinbahn Schildau—Mockrehna	N	Schildau (Krs. Torgau)	Kleinb.-AG Schild.—Mockr., Merseburg
Schlawer Kleinbahn	S	Schlawe (Pommern)	Schlawer Kleinbahn
Schleswiger Kreisbahn	N	Schleswig	Schleswiger Kreisbahn
Schmalkaldener Kreisbahn	N	Schmalkalden	Kreisausschuß Herrschaft Schmalkalden
Kleinbahn Schönermark—Damme	N	Prenzlau (Uckerm.)	Prenzlauer Kreisbahn
Kleinbahn Schönhausen—Sandau	N	Genthin	Kleinb.-AG Genthin—Ziesar
Kleinbahn Selters—Hachenburg	S	Herschbach i. Westerw.	Kleinb.-AG Selt.—Hachenb., Berlin
Selztalbahn (Frei Weinheim—Jugenheim—Partenheim)	N	Nieder-Ingelheim (Rh.)	Süddeutsche Eisenb.-AG, Darmstadt
Kleinbahn Siegburg—Zündorf	N	Sieglar (Siegkreis)	RWE, Abt. Bahnen, Essen
Siegener Kreisbahn	N	Geisweid b. Siegen	Siegener Kreisbahn GmbH
Söhrebahn	N	Wellerode b. Kassel	Söhrebahn AG
Kleinbahn Solingen—Kohlfurterbrücke	S	Cronenberg (Wuppert.-Cr.)	Barmer Bergbahn AG
Kleinbahn Soltau—Neuenkirchen	N	Lüneburg	Landeskleinbahnamt Prov. Hannover
Spessartbahn	N	Bieber, Krs. Gelnhausen	Spessartbahn-AG, Weilburg (L.)
Spreewaldbahn	S	Cottbus	Eisenb-Ges. Becker & Co., Berlin
Spremberger Stadtbahn	S	Spremberg (Nied.-Laus.)	Spremberger Stadtbahn
Sprendlingen-Fürfelder Eisenbahn	N	Wöllstein (Rheinhessen)	Südd. Eisenbahn AG, Darmstadt
Städt. Ring- u. Hafenbahn Neuß	N	Neuß	Stadt Neuß
Städt. Straßenbahn M-Gladbach	S	M-Gladbach	Stadt M-Gladbach
St. Andreasberger Kleinbahn	N	St. Andreasberg (Harz)	Landeskleinbahnamt d. Prov. Hannover
Kleinbahn Steinhelle—Medebach	S	Medebach (Krs. Brilon)	Provinzialverw. Westfalen, Kleinbahnabt.
Steinhuder Meer-Bahn	S	Wunstorf	Landeskleinbahnamt d. Prov. Hannover
Stendaler Kleinbahnen	S	Stendal	Stendaler Kleinbahn AG
Stendal-Tangermünder Eisenbahn	N	Tangermünde	Stendal-Tangerm.-Eisenb.-Ges.
Stolper Kreisbahn	S	Stolp (Pommern)	Verwalt.-Komiss. Stolper Kreisbahn
Stolpetalbahn	N	Stolp (Pommern)	Stolpetalbahn u. Stolper Kreisbahn
Stralsund-Tribseer Eisenbahn	N	Tribsees	Lenz & Co., Betr. Abt. Berlin
Strandbahn Köslin—Großmöllen—Nest	N	Köslin (Pommern)	Kösliner Techn. Werke GmbH.
Straßenbahn d. Städte Brandenburg und Plaue	S	Brandenburg (Havel)	Stadt Brandenburg (Havel)
Straßenbahn d. Stadt Rheydt	S	Rheydt	Stadt Rheydt
Straßenbahnen Hannover	N	Hannover	Überlandwerke u. Straßenb Hannov. AG
Straßenbahnen d. Stadt Solingen	S	Solingen	Solinger Stadt- u. Kreisbahn
Strausberger Eisenbahn	N	Strausberg	Strausberger Eisenbahn AG
Kleinbahn Strausberg—Herzfelde	N	Herzfelde (Krs. Niederbarnim)	Lenz & Co., Betr. Abt. Berlin
Südharz-Eisenbahn	S	Braunlage	Centralverw. f. Sekundärbahnen Hermann Bachstein, Berlin
Südstormarnsche Kreisbahn	N	Schiffbek	Südstormarnsche Kreisbahn
Sylter Nordbahn	S	Westerland (Sylt)	Sylter Dampfschiffahrts-AG
Sylter Südbahn	S	Westerland (Sylt)	Sylter Dampfschiffahrts-AG
Teltower Eisenbahn	N	Teltow	Allgem. Dt. Eisenb.-Betr.-Ges., Berlin
Teuringertalbahn	N	Friedrichshafen	Teuringertalbahn GmbH
Teutoburger Wald-Eisenbahn	N	Gütersloh	Allgem. Dt. Eisenb.-Betr.-Ges., Berlin
Kleinbahn Tharau—Creuzburg	N	Creuzburg (Ostpr.)	Ostdeutsche Eisenb.-Ges., Königsberg
Trachenberg-Militscher Kreisbahn	S	Breslau	Allgem. Dt. Eisenb.-Betr.-Ges., Berlin

Name	Spur	Sitz der Betriebsleitung	Eigentümer
Trossinger Bahn	N	Trossingen	Trossinger Bahn
Trusebahn	S	Herges-Vogtei (Thür.)	Trusebahn AG
Uetersener Eisenbahn	N	Uetersen (Holst.)	Uetersener Eisenbahn AG
Kleinbahn Vaihingen—Enzweihingen	N	Vaihingen (Enz)	Württemb. Eisenb.-Ges., Stuttgart
Kleinbahn Vechta—Cloppenburg	N	Vechta	Bahnverband Vechta-Cloppenburg
Kleinbahn Verden—Walsrode	N	Verden (Aller)	Landeskleinbahnamt d. Prov. Hannover
Vierländer Eisenbahn	N	Bergedorf	Bergedf.-Geesthachter Eisenb.-AG
Kleinbahn Voldagsen—Duingen—Delligsen	N	Duingen	Dt. Eisenb.-Betr.-Ges., Berlin
Vorwohle-Emmerthaler Eisenbahn	N	Bodenwerder-Linse	Dt. Eisenb.-Betr.-Ges., Berlin
Kleinbahn Wächtersbach—Birstein	N	Wächtersbach	Wächtersb.-Birsteiner Eisenb.-Ges.
Wallückebahn	S	Herford	Kreisgesellsch. Wallückebahn
Kleinbahn Wallwitz—Wettin	N	Wettin (Saale)	Kleinb.-AG Wallw.-Wettin, Merseburg
Wasgenwaldbahn	N	Bundenthal	Reichsvermögensamt, Landau
Kleinbahn Wedau—Mündelheim	N	Duisburg-Wedau	Landkreis Düsseldorf
Kleinbahn Wegenstedt—Calvörde	N	Calvörde	Gemeinde Calvörde
Wehlau-Friedländer Kreisbahnen	S	Königsberg	Ostdeutsche Eisenb.-Ges., Königsberg
Kleinbahn Weidenau—Deuz	N	Deuz (Krs. Siegen)	Westfäl. Prov.-Verwaltung, Münster
Weimar-Berka-Blankenhainer Eisenbahn	N	Weimar	Centralverw. f. Sekundärbahnen Hermann Bachstein, Berlin
Weimar-Buttelstedt-Großrudestedter Eisenbahn	S	Weimar	Centralverw. f. Sekundärbahnen Hermann Bachstein, Berlin
Wendelstein-Bahn	S	Brannenburg	Wendelstein-Bahn- u. Hotel-AG
Wenigentaft-Öchsener Eisenbahn	N	Weimar	Centralverw. f. Sekundärbahnen Hermann Bachstein, Berlin
Kleinbahn Wermelskirchen—Burg	S	Remscheid	Städt. Werke Remscheid
Kleinbahn Werne—Ermelinghof	N	Werne (Bez. Münster)	Klöckner-Werke AG Castrop-Rauxel
Kleinbahn Wesel—Rees—Emmerich	N	Rees	RWE, Abt. Bahnen, Essen
Westfälische Landeseisenbahn	N	Lippstadt	Westfäl. Landeseisenb.-Ges.
Westhavelländische Kreisbahnen (Kleinbahn Brandenburg—Röthelhof, Roskow—Brandenb.—Altstadt)	N	Roskow (Westhavelland)	AG Osthavelländ. Kreisbahnen, Nauen
Kleinbahn Westig—Ihmert—Altena	S	Westig	Westfäl. Kleinbahnen AG, Letmathe
Westpreußische Kleinbahnen	S	Danzig	Allgem. Dt. Eisenb.-Betr.-Ges., Berlin
Westprignitzer Kreisbahnen	S	Perleberg	Landesverkehrsdirektion Brandenburg, Berlin
Weststernberger Kreiskleinbahn	N	Ziebingen (Krs. Weststernb.)	Landesverkehrsdirektion Brandenburg, Berlin
Wiesloch-Meckesheim-Waldangellocher Eisenbahn	N	Karlsruhe	Badische Lokaleisenbahn AG
Kleinbahn Wilstedt—Zeven—Tostedt	N	Zeven, Bez. Bremen	Kleinbahn Wilstedt-Zeven-Tostedt
Kleinbahn Winsen—Evendorf—Hützel	N	Winsen a. d. Luhe	Kleinb. Winsen-Evend.-Hützel GmbH
Kleinbahn Winsen—Niedermarschacht	N	Winsen a. d. Luhe	Kleinb. Winsen-Niedermarsch. GmbH
Wittenberge-Perleberger Eisenbahn	N	Perleberg	Wittenberge-Perleberger Eisenb.
Kleinbahn Wittingen—Oebisfelde	N	Wittingen (Hann.)	Kleinb. Wittingen-Oebisf. GmbH
Wittlager Kreisbahn	N	Bohmte	Wittlager Kreisbahn AG
Wöterkeim-Schippenbeiler Kleinbahn	N	Schippenbeil	Ostdeutsche Eisenb.-Ges., Königsberg
Kleinbahn Wolmirstedt—Colbitz	N	Colbitz (Bez. Magdeb.)	Kleinb.-AG Wolmirst.-Colbitz, Merseburg
Worms-Offsteiner Eisenbahn	N	Horchheim b. Worms	Süddeutsche Eisenb.-AG, Darmstadt
Zell-Todtnauer Eisenbahn (Wiesentalbahn)	S	Todtnau (Baden)	Süddeutsche Eisenb.-AG, Darmstadt
Ziedertalbahn	N	Berlin-Schöneberg	Centralverw. f. Sekundärbahnen Hermann Bachstein, Berlin
Kleinbahn Ziesar—Güsen	N	Genthin	Kleinb.-AG Genthin-Ziesar, Genthin
Zschipkau-Finsterwalder Eisenbahn	N	Finsterwalde (Nd.-Laus.)	Zschipkau-Finsterwalder Eisenb.
Zschornewitzer Kleinbahn	N	Zschornewitz (Bez. Halle)	Anhalt. Landes-Eisenbahngem., Dessau
Kleinbahn Zutphen—Emmerik	S	Emmerik	Tramweg-Maatschappij Zutphen-Emmerik, Doetinchen (Holland)
Kleinbahn Zwischenahn—Edewecht	N	Oldenburg	RBD Oldenburg

Bildverzeichnis

Die Ziffern links geben die Seitenzahlen an. Die Abkürzungen bedeuten: T = Tenderlokomotive, n = Naßdampf, h = Heißdampf, 2 = Zylinderzahl, Eb = Eisenbahn, Kb = Kleinbahn, Krb = Kreisbahn, Sp = Spurweite, ex = ehemals, Nr. = Betriebsnummer, pr = preußisch, bay = bayerisch, sä = sächsisch, wü = württembergisch, bad = badisch, o = oben, u = unten, A = Aufnahmedaten.

74 u	1D h2	98 1115 A Erlangen-Zollhaus 16. 2. 1963
75	D h2	98 813 A Uttenreuth 1962
76	1C h2	141 Butzbach-Licher Eb A Bad Nauheim 1962
78	C n2	Nr 1 Marburger Krb A Wittelsberg 26. 10. 1964
79	C n2	Eisern-Siegener Eb A 1957
80 o	B n2	98 6208 ex 189 Delitzscher Krb A Leipzig
80 u	C n2	Nr 30 SEG A Kandern 24. 7. 1965
81	C n2	Nr 17 Albtal Verk Ges A Busenbach
82	C n2	89 7296 A AW Siegen
83	C n2	89 6225 ex 23 Oderbruchb A Dolgelin 1961
84	1C1 n2v	Sulm 2 Graz-Köflach Eb A Muggenau 14. 6. 1963
85 o	BB n4v	98 6151 ex 84 Weimar-B-Blankenh A Pirna 1961
85 u	C1 n2	Nr 42 Frankfurt-Königstein A F-Höchst 25. 4. 1959
86 o		Wagen 12 Eisern-Siegener Eb A Bf Eintracht 27. 5. 1961
86 m		Ruhr-Lippe Eb
86 u		Wagen 153 LAG
87		Kb Neheim-Hüsten-Sundern A Sundern 23. 1. 1960
88/89	D h2	92 6484 ex 181 Niederlausitzer Eb A Görlitz 17. 7. 1963
90	1C h2	Nr 140 Reinheim-Reichelsheim A Reinheim 1962
91	C n2	Eulengebirgsbahn A Rathen-Albendorf
92	D h2	92 6588 A Kohren-Sahlis 22. 7. 1962
93 o		Lokmannschaft Butzbach-Licher Eb A 25. 6. 1965
93 u		Wartungsdienst A 5. 8. 1965
94 o		Bekohlung Wien-Inzersdorfer Eb A 25. 8. 1964
94 u	1C h2	Nr 146 + 142 Butzb-Lich A Butzbach Ost 25. 6. 1965
95	1C h2	Nr 1151 Butzbach-Licher Eb A 17. 8. 1965
96	1C h2	Nr 141 Hohenzollerische Landesb A Gammertingen 11. 5. 1964
97 o	1C h2	91 232 ex Meckl-Friedr-Wilh-Eb
97 u	1C h2	91 6485 ex 61 Brandenb Städteb
98	D h2	92 6588 A Kohren-Sahlis 22. 7. 1962
99	D h2	92 6483 ex 185 Halle-Hettstedter Eb A Kohren-Sahlis
100	1C h2	Nr 1151 + 146 Butzb-Lich A Pohl-Göns 17. 8. 1965
101	1C1 h2	Nr 225 Braunschw-Schöninger Eb A Schöppenstedt 1963
102	D h2	Nr 182 Braunschw-Schöninger Eb A Schöppenstedt 1958
103		Braunschweig-Schöningen A bei Schöppenstedt 1964
104/105		Teutoburger Wald Eb bei Tecklenburg März 1966
106 o	C1 h2	Nr 10 Weidenau-Deuz A Weidenau 3. 6. 1960
106 u	C n2	Andritzer Schleppbahn A 11. 3. 1965
107	D h2	Nr 31 Württ Eb-Ges
108	E h2	Nr 204 Kassel-Naumb-Eb A Kassel-Wilhelmsh April 1966
109	E h2	Nr 204 Kassel-Naum-Eb A April 1966
110	1D1 h2	Nr 15 Hohenzoll Landesb A Lichtenstein 11. 5. 1964
111 o	C1 h2	91 6590 ex 33 Niederbarnimer Eb
111 u	D h2	Nr 14 Eisern-Siegener Eb A Siegen 8. 6. 1960
112	C n2	Nr 25 Mindener Krb A Petershagen Juli 1965
113	1D1 h2	Nr 7 Tegernsee Eb A Gmünd
114		Tw der Moselbahn A Trittenheim
115 o		T 22 Sylter Verkehrsges A Westerland 13. 5. 1961
115 u		ET 183.04 A Feilnbach 15. 6. 1958
116		Westfäl Landes Eb A Möhnetal April 1962
118 o	1C1 h2	Nr 1 Halberst-Blankenb Eb A Rothehütte
118 u	1E1 h2	„Mammut" Halberst-Blankenb Eb A Rübeland
119	1E1 h2	95 6677 ex „Wisent" HBE
120/121		Georgsmarienhütten Eb bei Wulffskotten Juli 1964
122 o	1E1 h2	95 028 A Michaelstein 1960
122 u	1E1 h2	95 028 A Michaelstein
123	1E1 h2	wie vor
124		BF Rübeland/Harz A 1960
125 o	1C1 h2	Nr 1 Halberst-Blankenb Eb A 1934
125 u	1E1 h2	Nr 84 201 Osthann Eb A Sülze März 1965
126		Westfäl Landes Eb Wagenzug A Sept 1962
127	1E1 h2	Westfäl Landes Eb
128	1C1 h2	Nr 32 Westf Landes Eb A Münster 1965
129	2C h2	76 092 Osthann Eb A Celle
130	1D h2	Nr 161 Teutoburger W Eb A Brochterbeck 14. 4. 1962
131	1C1 h2	Nr 222 Teutoburger W Eb A Varensell August 1965
132		Bf Lippstadt Nord A August 1962
133	1C1 h2	Nr 222 Teutob W Eb Lengerich März 1966
134	B n2	Werklok Laucherthal ex wü T A Laucherthal 1966
136/137	C h2	Nr 3 Georgsmarienhütten Eb A Dez 1963
138 o	C n2	89 222 A Dresden-Neustadt 11. 8. 1962
138 u	D n2	92 601 A Kassel 19. 10. 1963
139	B n2	Hafenbahn Torgau A Torgau 12. 3. 1965
140	B n2	Werklok Altenstadt A 20. 11. 1961
141	1E1 h2	Werklok Oberschles Hüttenw
142	C1 n2	Nr 1 Hafenbahn Hamm A Hamm 19. 8. 1961
143 o		Henschel-Baulok
143 u		Orenstein & Koppel Baulok
144		Rhätische Eb Schweiz A
146	1D1 h2	DB 93 A Langenschwalbach August 1958
147	1D1 h2	93 877 A Telgte März 1957

148	E h2	DB BR 94 A Odenwald	168/169		A Langenleuba-Oberhain 20. 1. 1963
149	E h2	DB BR 94 A Odenwald	170	1C1 h2	64 194 A Urach 8. 5. 1962
150	E h2	94 1167 A Thomasmühle	171	1C1 h2	64 223 A Urach 8. 5. 1962
151 o	1D1 h2	86 096 A Wurzbach/Thür	172 o		A unbekannt
151 u	1E1 h2	95 106 ÖBB A Baumgarten 1. 10. 1966	172 u	1D1 h2	93 1387 ÖBB A Stammersdorf 24. 2. 1963
152/153		94 1013 A Sonneberg 22. 4. 1963	173		A unbekannt
154	1E1 h2	84 003 A Altenberg	174	1D1 h2	86 584 A Frankfurt-Eschersheim 1964
155	1C1 h2	75 1015 A Bad Sülze/Meckl	175	2C2 h2	DB BR 78 A Billerbeck März 1966
156 o	1C h2	24 017 A Karow/Meckl	178	1E1 h2	99 785 A Willischthal 3. 7. 1963
156 u	1C h2	24 067 A Rheydt 25. 9. 1964	179		Abgestellte Lok in Altena
157	1C1 h2	64 208 A Teterow	180	2C2 h2	78 377 A Havixbeck 1964
158	1E h3	58 1771 A Leutenberg/Thür 11. 10. 1961	181		Georgsmarienhütten Eb A Augustaschacht 1963
159	1D1 h2	P-Zug bei Polleben A 1964	182	E h2	Nr 204 Kassel-Naumburg A April 1966
160	1D h2	DR BR 56 A Koserow 1953	183		Georgsmarienhütten Eb A Patkenhof Sept 1963
161		Bahnhof Koserow 1953	184/185		Zillertalbahn Lok Nr 3 A April 1964
162	1D1 h2	86 500 Rurtalbahn	186		Lenhauser Tunnel A April 1962
163		Bahnhof Listernohl September 1963	187		Bahnhof Brochterbeck TWE A März 1966
164 o	C1 n2	97 103 A Untergrießbach Oktober 1958	188		Ausfahrt Sonthofen Winter 1933
164 u		Hunsrückbahn bei Boppard			
165	E h2/4	97 502 A Bw Reutlingen 1961			
166	1C n2	91 534 A Mockrehna 12. 3. 1965			
167	BB n4v	98 005 + 014 A Birkigt 1958			

3. Auflage / 14. — 17. Tausend.

Schutzumschlag gestaltet von Edgar Dambacher nach einem Farbfoto von O. Ziegler (Vizinalbahn Spalt—Georgensgmünd)
Innenseiten des vorderen und hinteren Einbandes zeigen einen Nebenbahnzug mit Lok 70 025 (Foto Tausche).
Franckh'sche Verlagshandlung, W. Keller & Co., Stuttgart 1973.

Printed in Germany. Imprimé en Allemagne. ISBN 3-440-03455-0 · LH 19 hä · Gesamtherstellung: Reiff-Druck, 76 Offenburg/Bd.
Klischeeanfertigung: Graphische Kunstanstalt Willy Berger, Stuttgart.